王雪诗 ◎ 著

研磨
用户体验

贯穿产品设计的
思路_方法_实践

清华大学出版社
北京

内 容 简 介

本书旨在运用理论结合实战进行分析，在体验设计和产品设计领域为读者塑造思维框架，帮助读者养成体验设计的思维习惯，辩证地应对产品挑战，积极创新，灵活处理研发过程中的问题。另外，本书还包含嘉宾的访谈，他们通过亲身经历分享职业经验或行业洞察，相信可为读者提供多角度的观点。

本书的第一章到第三章以产品设计方法为框架，从提出问题、展开研究再到设计开发，为读者提供知识和实例；第四章和第五章则重点突出在产品创造和迭代过程中的挑战，帮助读者取得不断的产品成功；最后的附录以简洁实用的语言，结合作者的经验总结了具备实操性的工具箱，并附上书单以便读者查阅。

本书适合用户体验设计师、用户界面设计师、产品设计师、产品经理、运营人员阅读，也适合其他设计领域的从业人员及相关行业的决策者阅读。

图书在版编目（CIP）数据

研磨用户体验：贯穿产品设计的思路 | 方法 | 实践 / 王雪诗著 . —北京：清华大学出版社，2022.4
ISBN 978-7-302-60328-3

Ⅰ . ①研… Ⅱ . ①王… Ⅲ . ①产品设计—研究 Ⅳ . ① TB472

中国版本图书馆 CIP 数据核字 (2022) 第 043506 号

责任编辑：杜 杨
封面设计：杨玉兰
责任校对：胡伟民
责任印制：曹婉颖

出版发行：清华大学出版社
网　　　址：http://www.tup.com.cn，http://www.wqbook.com
地　　　址：北京清华大学学研大厦 A 座　　　　　　　邮　　编：100084
社 总 机：010-83470000　　　　　　　　　　　　　　邮　　购：010-62786544
投稿与读者服务：010-62776969，c-service@tup.tsinghua.edu.cn
质 量 反 馈：010-62772015，zhiliang@tup.tsinghua.edu.cn
印 装 者：北京博海升彩色印刷有限公司
经　　销：全国新华书店
开　　本：170mm×240mm　　　印　　张：11.75　　　字　　数：265 千字
版　　次：2022 年 6 月第 1 版　　　印　　次：2022 年 6 月第 1 次印刷
定　　价：69.00 元

产品编号：085503-01

在产品升级、服务升级、消费升级的大环境中，越来越多的用户会为真正的好产品、好服务、好体验去支付更多溢价。设计，无疑在其中扮演了至关重要的角色，甚至设计思维已经贯穿到企业前台、中台、后台的所有岗位，是职场人避不开也逃不掉的一种思维方式和判断角度，我不太确定这是一门科学，还是一门艺术，但确定的是这是有关设计思维你必不可少的一本书。

——崔超，开课吧 COO

当"20 天成为交互设计师"的广告大行其道时，这样一本书就显得弥足珍贵。相比较其他设计领域，交互设计的门槛也许不高，但跨过门槛后需要攀登的阶梯可能更加陡峭。笔者试图从国内外实践者中的佼佼者里为大家寻找攀登之路，探寻优秀交互设计师的成功心法，用平实的语言和可行的方法为设计师们指路和助推。这本书值得不同阶段的交互设计师多读几遍，或当作工具书使用。

——王斯旻，琢磨琢磨科技创始人兼 CEO

所有用户体验设计的底层核心，都是对用户的共情和对人性需求的深刻洞察。用户体验设计这个"术"，本质上是为了满足用户需求并成就用户的这个"道"。雪诗的这本新书也是如此，不仅有简单透彻的阐述，也有大量丰富的案例，读来特别有共鸣。

——阿立（Alex），BodyPark 型动公园创始人兼 CEO

在产品制作门槛不断降低的今天，卓越的产品设计越发难能可贵。笔者敏锐地通过国内外实践案例从多个角度探索了设计思维的精髓，探讨了如何通过对场景化的推敲来聚焦于用户潜在的刚需，从而引导产品和商业模式的迭代。希望更多产品、设计、运营人员以及决策者们能够借助笔者的启发与我们一起继续提高大众的用户体验。

——姜萌（JJ），StockX 副总裁 / 国际事业部总经理

设计的底层逻辑是相通的：用一些原则为一些人解决一些问题，用设计工具把抽象概念具象成现实画面。大道至简，但世界缤纷。在有规可循的设计思维与技艺的内核下，需要不断和世界碰撞现实的火花，累积变化无穷的"经验能量"，才能产生更深远的设计价值。讲内核修炼的书很多，而本书恰好捕获了前沿的优质"经验能量"：在不同的人文环境与商业背景下，交互设计师们如何灵活用"道"，实现一个个人间理想。有了这些加起来数十年实践经验的传承，希望读者们可以创造更多的可能。

——王莹（Sunny），爱彼迎高级设计经理

提到用户体验，你会想到什么？屏幕、界面、图标？好的用户体验是自然的、近乎感受不到的。这些几乎"隐身"的用户体验并不是一蹴而就的，它们需要细致的研究和打磨。本书结合了经典理论和中外案例，将用户体验的思维、方法、流程慢慢道来。推荐给想慢下来好好思考的设计师。

——叶千千，Processing 基金会 p5.js 联席负责人，
任教于南加州大学电影学院媒体艺术与实践系

"设计思维""精益设计""快速迭代""迅速试错"……这些对科技行业从业人员早就不是什么新鲜概念，甚至传统行业也在强调"互联网+"，用"互联网思维"产生颠覆式创新。在科技行业中被强调的设计思维方法论萌芽于学术界，在知名设计咨询公司 IDEO 的 CEO 和董事长提姆·布朗（Tim Brown）的推广下为工业界所广泛采纳。在他看来，"直接观察人们在生活中的需求，以及他们对产品的生产、包装、推广、销售以及售后服务的喜恶，通过这些观察结果来推动创新"就是设计思维。值得一提的是，设计思维的语境不是只针对设计师群体而言，更是面向更加宏观的商业目标的成功。从客户价值和市场机遇出发，企业运用设计思维的方法发展企业战略、取得持续成功，而单一的管理学并不能创造企业的创新产品，这也是哈佛大学和斯坦福大学都将"设计思维（Design Thinking）"课程设置在了商学院体系之下的原因之一。

设计思维将商业变革作为目标，最终要具体落实到用户体验设计[①]上。不论企业是提供了产品，或者提供了服务作为产品，都是把"以用户为中心的设计"[②]作为基本原则。体验设计是如此深入人心，以至于一个传统行业的退休人士在遭遇令人不满意的服务时都会脱口而出："这家店的体验真的是太差了！"互联网技术的普及对从业者提出了更高的要求。以前我们可能会经常听到的一个设计原则就是，当产品流程出现问题时，要让用户了解这不是他们的问题，减少用户的挫败感。这种心理是源于科技产品的高门槛，它代表着先进。在以前会使用计算机是极少数专业人士的专利，因为其需要具备一定专业基础知

①　用户体验设计，即 User Experience，也简写作 UX、UE、UED 等，其实表达的意思基本一致，相关专业还有交互设计、信息设计等，讲述这些概念的区别与联系的资料很多，本书不再赘述。
②　"以用户为中心的设计"，即 User-Centered Design，简称UCD。

识，所以当用户遇到使用问题时，大多会先从自己身上找原因。就像你第一次吃法餐，用餐礼仪对你来说可能就是一种门槛，你不会因此责备法国餐饮文化，但是现在当你遭遇网页崩溃或者点击某个按钮没有反应时，大多数人往往第一反应是这个网站/App做得不好，而不会像有些提示 bug 的页面写着"网页崩溃了！这不是你的问题，我们正在抓紧抢修"。现在的用户不会觉得这是自己的问题，因为用户对科技产品的使用已经非常娴熟了。

设计领域的经典著作《日常的设计》（*Design of Everyday Things*）就是这样从日常出发来思考设计的。当我刚入行看到这本书的时候，既有怎么我没想到的顿悟，又有设计就是这么自然而然的事情的感慨。体验设计面向的对象是"人"，对于我们提供的产品有需求的人就是我们的"用户"，人人都是用户，人人也可能成为体验设计专家，人人也可能成为产品经理。科技服务和产品的普及也对精细化研究、设计和运营提出了更高的要求。

当然这也是设计师们的福音，就像《驱动力》一书中所说的，在 20 世纪后半叶，经济的发展取决于所谓的"左脑能力"，即逻辑分析能力、线性思维能力等，但是现在一个纽约的会计师的工作可能会被一个马尼拉的会计师所取代，因为后者的薪水可能只需要前者的一半。大量重复性、经验性的劳动也在被机器和算法所替代。当然现在"左脑能力"仍然非常重要，但是在人工智能的时代，"右脑能力"也就是创作力、共情力、沟通力、全局思维能力等代表的工作才是未来的趋势，这也是生在这个时代，设计师们的幸运。

数字化为设计者和生产者们带来的思维转变在于，我们不再或者很少受限于实际生产环节，不必再为生产失败带来的巨大成本损失而苦恼。然而试错成本的降低给设计者们带来的也不全然是创造的兴奋，你是不是也有设计稿被永远封存在了硬盘里，也有永远在等待下个排期的产品文档，也有刚上线没有几天就被迭代掉的设计成果？你的设计努力似乎再找不到踪影。不仅是客户和领导，公司中的每个人似乎都能从"用户"的立场对你的设计头头是道地、指手画脚一番。

本书并不是要为你在公司和学校的方案辩论中提供理论依据，以便获胜。毕竟用户体验不是雄辩者赢（当然我相信会有这样的帮助），而是帮助你形成思维框架、养成体验设计的思维习惯，当你的客户和老板来给你提出各种各样需求的时候，可以消化、讨论、辩证地应对，非专业出身的需求方们也可以通过阅读形成基本概念，不要让"领导意志"淹没了科学方法。

本书的每一章除了实例分析，还引入了对话采访。这些受访嘉宾从他们的实践角度出发，分享了经验和建议。从我接触体验设计开始，国内似乎一直都会拿美国硅谷作为行业标杆，介绍硅谷经验方法的案例与书籍也层出不穷，一些在海外行得通的商业模式会被直接"Copy to China"，产品定位就是"xxx in China"。但是中国互联网和科技行业经过几代的演变，在商业模式、产品创新、设计方法论、数据算法等方面都在不断赶超美国，我们看到了像 Tik Tok 这样可以占据美国年轻人心智的社交产品，也看到华为、vivo、OPPO 在海外市场热销，曾经的"对标某某美国产品"的宣传语已很少见到，取而代之的是中国的出海模式大热，人工智能学术文章发表数量也在 2021 年首超美国……在进步的路上，我们不仅创造着适合中国用户的产品，也更加放眼世界，在全球范围内中国式创新会更占据主流市场，这也是体验创新的机遇。

目标读者

在这本书中，我希望结合优秀的体验设计实践厘清一个体验设计思维框架，穿插实用的设计方法，给设计师或者相关从业者清晰的框架去指导设计方法、理解设计成果、有效迭代产品。

本书适合以下读者：

- 技能库已经建立但是缺乏思维框架和理论指导的 UX/UI/ 产品设计师们；

- 希望能够更加系统化了解设计流程，更有效地指导产品策略工作，或是希望提升团队协作效率的产品经理、运营人员等；

- 其他设计领域希望了解体验设计的从业人员；

- 希望通过体验优化产品或服务的企业或政府机构的决策者；

- 热爱体验设计的伙伴们。

读者反馈

个人能力所限，书中出现的错漏之处难免，很欢迎读者朋友指出！希望一些观点可以激发讨论，读者可以通过邮箱 duy@tup.tsinghua.edu.cn 留言。

致谢

感谢我的家人对我一如既往的支持，你们是我不竭的奋斗动力；

感谢我的学生曹心怡绘制了本书中绝大部分的插图，相信你未来可期；

感谢清华大学出版社的杜杨老师、栾大成老师，你们让本书成为可能；

感谢积极分享的采访嘉宾们（按姓氏笔画排序）：王莹、祁梦媛、孟夏、夏冰莹、韩雨栩、韩梦箫，你们的分享会让读者们受益匪浅；

感谢所有将自己的事业奉献给体验设计的同仁们，你们让世界变得更加美好！

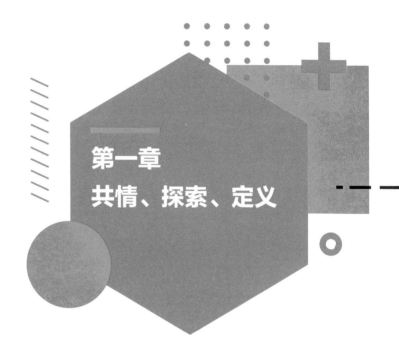

第一章
共情、探索、定义

为什么性格迥异的用户也能为同一件产品付费？

我们怎样能用同理心更好地理解他人、理解用户？

何为"知识的诅咒"？如何意识到和避免？

包容性设计是如何使设计适用于更多的人的？

我们做产品研究的终极目的是什么？

行为来源于场景，场景来源于故事

通过语言，人类传递着关于世界的信息，但是并不是只有现代人类所属的"智人"拥有语言，狮子、蜜蜂、猩猩都有属于自己的语言，拥有精密复杂的沟通形式。那么他们为什么没有发展出像我们这样富有极大信息量的语言，甚至演化出高等文明呢？一种近年来流行的人类学观点是，智人可以通过社会合作使得种群生存和繁衍，这种情况下，语言就不仅仅是一种传递信息的方式，而可以作为"八卦"使得这个群体更加紧密。不光如此，我们不仅可以"八卦"一些事实性内容，还可以虚构一些不存在的想象中的内容。这被人类学家叫作"认知革命"。认知革命之前，人和许多动物都可以用语言传递一些事实信息，如遇到危险情况大喊："小心！有狮子！"认知革命之后，人类就能够说出"狮子是我们部落的守护神"这样想象中的事物。"讨论虚拟的事物"是智人语言体系最独特的功能。

社会学家指出，借由八卦来维持的最大"自然"团体大约是150人，只要超过这个数字，大多数人就无法真正相互深入了解，因此仅仅通过八卦难以维系这个团体的紧密联系。那为什么到今天，我们看到动辄几万人的公司、组织，甚至几亿人口的国家运行得很好，它们都远远突破了150人的门槛。这个原因在于群体中的共识，因为就算是大量互不了解的人，只要相信某个故事，也能很好地合作。宗教故事让素未谋面的人拥有同样的信仰；国家故事让数以千万计的人相信国家主体、国体、国旗的存在；品牌故事让性格迥异的消费者能为同一件商品付费。[①]

人类的本能是通过"故事"来理解事物、传递信息，我们常常讲用户行为，但更应该知道用户行为来源于场景，场景则根植于故事，脱离开情景故事谈用户

---

① 《人类简史——从动物到上帝》，[以色列] 尤瓦尔·赫拉利（Yuval Noah Harari）著，林俊宏译。这是一本叙述并分析人类发展史的著作，从10万年前有生命迹象到21世纪科技、资本交织的当代，人类经历了认知革命、农业革命、科技革命，从人类起源、社会发展的角度了解人类发展脉络，更能帮助我们了解自己、回归人性，设计更具备深层价值的产品或服务。

行为都是没有意义的。那么再进一步，我们如何建立用户故事？

建立用户故事首先要了解背景（Context），背景既包括当下的市场环境、文化背景、竞争对手概况，也包括用户画像描绘、用户行为分析等。

了解背景首先要明确产品所处的阶段，是从无到有地设计一款新的产品，还是在已有产品的基础上进行创新或转型？这将直接影响到初期的研究方法和效率。但是不论是新的产品还是新的小功能，都不可能是完全从零开始，在市场上或多或少都已经有相似的产品或服务诞生，或在学术界已有相关的研究和探讨，我们都是站在巨人的肩膀上创造，我们要做的就是先了解市场上和学术界已经有的产品和方法是什么，我们的竞争对手在做什么（当然有时竞争对手的定义本身也是一项研究工作）。我们既要了解市场定位，也要了解产品功能性能、服务特色。

　　　　"任何特定的服务或者消费者细分市场都存在于一个完整的由竞争产品构成的生态环境中。每个产品都有各自的途径满足用户的需求和愿望。"[1]

可能科技人经常会被问到的一个问题就是，你们的产品和×××有什么区别？往往就是有那么一小点的不同，让整个产品变得不一样。

邮箱是一个非常普及的通信形式，我们现在看到的各种各样的邮箱产品都有其不同于其他同类产品之处，使其可以在市场里占据一席之地。在"微信之父"张小龙接手QQ邮箱之前，QQ邮箱是一个排名非常靠后的邮箱产品，而张小龙在加入腾讯之前以一己之力创造的Foxmail，在1997年时就有了200万用户。2005年，张小龙成为腾讯广州研发中心负责人。当时，Hotmail风靡全球，他接到的任务是将QQ邮箱打造成中国的Hotmail，然而经过半年多的努力，产品却陷于模仿，QQ邮箱甚至还流失了一些用户，张小龙意识到一味模仿和闭门造车都是行不通的，于是他在团队推行"千百十"行动，"每月在QQ空间等平台谈论相关话题并互动一千次；每月看一百篇相关行业重要分析文章；每月与客户、消费者深度互动十次。"这样经过几个月的训练，这个团队深入到了用户中去，用最接地气的用户视角进行设计。"超大附件"和"漂流瓶"是真正让QQ邮箱

---

① 《洞察用户体验——方法与实践（第2版）》（*Observing The User Experience-A Practitioner's Guide to User Research*），[美] 伊丽莎白·古德曼等著，刘吉昆译。

开始快速增长、引爆产品用户数的核心功能，而这两个核心功能完全是 QQ 邮箱适应中国用户的需求所独创的。①

即便是现在，中国人使用邮箱的场景也不像欧美国家那么普及，他们用邮箱进行工作汇报、沟通日常事务，就跟我们发微信一样。而中国人因为互联网普及较晚，发展又极为迅速，几乎是直接进入了移动社交的阶段，QQ 邮箱分别从特色功能与人性角度出发打出了产品的差异化。

现在我们再来看 QQ 邮箱的成功，是复盘它做对了什么，一切似乎顺理成章。但是站在当时，我们应该如何用故事思维进行 QQ 邮箱的产品设计呢？产品设计的背景是我们在中国打造邮箱，那么什么时候我们会用到邮箱？什么场景？什么故事？进入 21 世纪，互联网开始普及，最早使用互联网的还是一批能接触和愿意尝试先进技术的年轻人，他们会有什么样的故事？

有个叫张扬的年轻人刚开始自己的土木工程专业的研究生学习，他既要努力学习课程、完成研究课题，在寒暑假又要积极地寻找机会获得实践经验，在他的学习、工作和生活中，他的领导会跟他通过邮件沟通工作吗？如果不是在外企，很可能不会；他的研究生导师会跟他通过邮件布置作业吗？也很可能不会，当面沟通、发短信、打电话甚至发 QQ 更多；他的朋友会给他发个邮件向他问好吗？这听起来就很奇怪！但是，有一天他的导师需要把一个 2GB 的文件传输给他，怎么办？QQ 传输文件速度不稳定，而且这个文件在 QQ 上又难以留存，必须及时下载，用其他邮箱传文件又有附件大小限制，只能分几次拆分文件发送，所以导师和张扬总是靠随身携带的优盘把各自的文件进行交换。然而，忽然有一天，导师收到了一封邮件，是张扬发来的 2GB 的资料和文章，界面显示这个功能叫作超级附件，打开速度快、界面清爽，导师也试了试，可以像传普通附件一样免费发送 2GB 的文件！QQ 账号就可以直接用作这个邮箱账号，当时张扬和他的导师就选择了这个邮箱，并且一直用到现在。

还是张扬，当时他的生活圈子都是围绕着他的学习和工作，他有一些烦恼、心情想要倾诉，却没有合适的对象，他的信息都是发给认识的人，都是定向发送。

---

① 很遗憾，QQ 邮箱的漂流瓶功能由于存在大量违规内容，于 2019 年 6 月 24 日停止服务，一代人的记忆就此封存，但是在未来的产品设计中，带有漂流瓶内核的设计仍在继续，例如微信的"摇一摇"。

而"漂流瓶"就像是大航海时代不确定的期待与希望，让他认识了不一样的人，完全不认识的人。他可以卸下伪装，把自己的情感释放。在一次次邮件的不定向发送中，邮箱不再是邮箱，而是一种社交工具，一种陌生人社交工具。超大附件和漂流瓶的界面如图 1.1 所示。

图 1.1　QQ 邮箱界面——超大附件和漂流瓶[1]

张小龙推行的"千百十"行动，不就是在了解这样成百上千的用户故事么？就这样，QQ 邮箱打出了差异化，2010 年，QQ 邮箱在中国邮箱市场份额做到了第一，并延续至今。

推广敏捷开发的技术咨询公司 ThoughtWorks 认为用户故事（user story）是敏捷开发的基础，它从用户的角度对需求进行描述。用户故事体现了用户需求以及产品的商业价值，同时定义了一系列验收条件（Acceptance Critieria）。要素包括：

● 角色：谁使用这个功能。

● 活动：需要完成什么样的功能。

● 商业价值：为什么需要这个功能，这个功能带来什么价值。[2]

每一个场景故事里都蕴藏着产品机会，每一个用户故事都是品牌宣言，故事思维让设计者和用户共情，创造潜力。

---

[1]　图片来自网络。

[2]　《深入核心的敏捷开发——ThoughtWorks 五大关键实践》，肖然，张凯峰著，清华大学出版社。

小 结

1. 虚构的故事让素未谋面的人也能很好地协作，相信同一个产品故事，使性格迥异的用户也能为同一件产品付费；

2. 用户行为要有场景，场景来源一个完整的故事，因此用故事思维做设计，与用户站在一起。

"知识的诅咒"，抛开专业，回归无知

设计界经典著作《日常的设计》（*The Design of Everyday Things*）的作者唐纳德·A·诺曼曾经是一位工程师，他提到造成人机交互不顺畅的原因可能多样，但是更多的是来自设计者缺乏对有效的人机交互设计原则的理解。很多时候，设计是由工程师完成，但是"知识的诅咒"经常会发生在技术专家身上。"知识的诅咒"是指人拥有某些知识就自然而然地认为别人也应该拥有同样的知识、具备同样的技能，我们每天强调以人为本的设计，但是我们都是"人类"，有时会想当然地认为我们理解了用户的痛点和需求。"我自己就是用户""我不会用这个功能""我觉得这样设计很酷"等，这样以自我为中心的评论每天都可以在产品设计的工作中听到。

在我的教学经历里，有一次我参加了一场产品设计课程的期末展示，这个课程的项目是设计一款街道体验应用。当时有一组学生是城市规划教育背景，我自己的教育背景里也有城市设计的内容，所以在他们的展示结束后，在界面设计上，我当时看下来并没有感到理解不畅，但是有个点评嘉宾却指出："这组同学可能是来自城市规划专业背景，有关地图的产品界面里有很多展示方式和城市规划专业的一样，但是用户根本不懂你的那些花花绿绿的图例代表什么！"我忽然也发现我在面对这组同学的设计方案时，也带入了我的专业知识。对于这组同学来说，看懂这些地图是一件自然而然的事情，但是他们面向的目标用户群体绝大多数并没有这样的知识，看起来非常华丽漂亮的界面设计只能让用户一头雾水。

然而，别觉得这样的错误只有新手会犯！"知识的诅咒"不止针对个人，也会反映在一个企业中。"创新者的窘境"中描述的一个现象就是巨头企业由于对既有技术或业务模式产生的利润太过熟悉和舒适，而对潜在的创新变革视而不见，以致被后入局的小创业公司颠覆。众所周知，微软错过了移动操作系统最重要的机遇。2008年，苹果智能手机的市场占有率仅为8.6%，2009年，就上升到

14.4%，超过了 Windows Mobile 手机在全球的市场占有率。苹果提供了一种可能性，就是软硬件一体化，苹果不仅仅是一部手机，更是一个平台，这完全颠覆了当时人们的认知。与此同时，微软也很紧张，投入了 2000 多名工程师，几乎多于苹果一倍的资源在做手机操作系统，但是最终黯然离场，被苹果颠覆。大家说微软的失败是源于微软没有做硬件的基因。基因这个词在商业分析中似乎常常被提到，当一个已有成熟产品的团队再试图做新的业务时，或成或败，我们似乎总在说这个团队是否有某种基因，社群的基因、游戏的基因、硬件的基因……就例如说，多年来腾讯一直在尝试做电商，但是一直没有成功，人们会说腾讯没有做电商的基因。

那么，让我们再来看看什么是"基因"？一个公司的"基因"是这个团队积累的擅长领域，"基因"之于公司，就如同"知识"之于个人。这个基因成为了一种固定模式，让公司不管做什么产品都逃脱不开这样的行为习惯烙印，甚至成为了一种"诅咒"。微软的长项是服务企业用户，企业用户的软件系统一般使用门槛高，甚至要使用者经过专业培训，就例如说你会在招聘里看到"会使用CRM[①]"作为一项工作能力要求，但是从来没有人把"会使用微信"当作工作能力。因此，企业软件公司相当重视客户服务与支持，因为他们面向的用户很难自然而然地使用产品，用户要解决的事情往往不能只靠自己在软件中找到答案，而需要专业人士的辅助和培训。当微软将用户群体从企业用户转向个人用户时，又想当然地将个人用户当成了企业用户，忽视了用户的特点和诉求。据称当时微软内部有一个讨论[②]，Windows Mobile 需不需要内置相机功能，微软的工程师竟然认为，用户需要时自己安装就好了，这在现在看来是不可思议的。但是在一群科技界最聪明的人中间，这件事就确确实实发生了。

无论具备多么丰富的经验，日常的产品设计工作中还是充满了主观预判，这些观点来自工程师、产品经理或者设计师，但是往往这些设计者都是很精通自己的产品领域的。设计者的设计往往非常合乎专业的逻辑，但是人类群体相当多元，行为也绝非线性，用户经常给出一些设计者完全意想不到的用法和反馈。乔布斯

---

① CRM，即 Customer Relationship Managment，客户关系管理软件，是一种典型的针对企业用户开发的软件系统。

② 这段叙述来自范海涛所著的《一往无前（小米官方授权传记）》（中信出版社）中，小米创始核心成员、前微软 Windows Mobile 的工程总监黄江吉的叙述。

说："Stay hungary. Stay foolish."Foolish当然可以有多种理解，但是在我们正在讨论的这个话题里，在理解人的行为上，抛开专业、回归无知，可能比获取知识更难。

作为设计者，将自己的知识和心态"清零"，认为我就是一个小白用户，一个陌生用户，这样抛开专家的视角（尽可能抛开！），是我们能够与用户产生共情的第一步。

但是共情力只能靠自我感知了吗？

当然不是，同理心（共情力）是可以培养的。首先来理解一下同理心（Empathy）这个词，同理心不是同情心（Sympathy），护理学家特蕾莎·怀斯曼（Teresa Wiseman）有过很有意思的对于同理心的学术研究，如图1.2所示，她认为同理心有四个属性：

- 换位思考（Perspective taking）：用别人的视角看待世界，理解别人视角里的世界真实存在；

- 不妄判：不轻易对别人的观点和行为下结论；

- 识别他人的情绪；

- 向他人表达自己的理解。

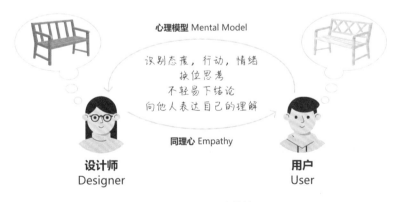

图1.2　同理心的属性

激发同理心不仅仅需要观察、聆听，还需要参与。我们不是在"采访"用户，而是与用户"对话"；我们不是在听用户的"态度"，而是听用户的"故事"。

同理心可以激发人与人的连接，拉近设计者与使用者的距离。如图 1.3 所示，通过同理心地图、用户旅程地图、用户访谈、故事板等方式[1]，可以帮助我们不断地更深入地了解用户，利用共情，把我们观察到的事物想象成我们自己的感受，建立起用户心理模型。心理模型代表着我们理解这个世界的方式，充满了通感和比喻，例如时间就是金钱，光阴如流水。了解用户的真实需求、目标，以及他们的行为，和行为背后的思考过程，会帮助我们有效地建立用户心理模型，如图 1.4 所示。

图 1.3　Airbnb 用故事板进行用户研究[2]

图 1.4　迪士尼动画分镜讨论[3]

---

[1]　可以参考本书附录——工具箱。

[2]　图片来自 Airbnb 的宣传片。

[3]　图片来自网络。

同理心对设计的影响不止上述的层面。往往我们在谈论用户需求的时候是面向我们所熟知的生活群体，身体健康的人、成年人、用科技产品的人……但是我们应该扩大我们产品的设计范围，也相应地扩大同理心的应用范围，这时，同理心在帮助我们理解并不那么熟知的用户群中会更加重要，甚至会对我们的设计解决方案带来新的启发。

这首先要求我们具有"包容性设计（Inclusive Design）"的意识，包容性设计[①]是指我们的产品可以被不同身体能力、不同语言、不同文化、不同性别、不同年龄的用户使用，这是一种意识，也是一种追求，它与我们聚焦某种客户群体的产品策略并不矛盾。反而，更具包容性的设计会让我们的产品更易用，例如针对视障人群所做的配色、对比度、字号大小和段落间距等方面的界面优化，也可以让界面对于视力正常的人变得更加易读、获取信息效率更高。正如唐纳德·诺曼说的："通用设计，就是面向所有人的设计，这是一项挑战，但是值得努力。确实，通用设计的理论非常有力地论证了这一理念：为残障人士、视听障碍人士或行动不便人士所做的设计，总会令一件东西更适合所有人。"[②]

设计咨询公司 IDEO 还有过这样一个案例，瑞士的厨具公司塞利斯（Zyliss）希望开发一套新型厨房用品，IDEO 团队的方法是通过观察用户的实际使用场景获取一手资料，然而与通常的方法不同，他们不是从主流的用户群体开始的，而是从研究孩子和专业厨师这样"极端"用户开始。设计团队发现一个七岁女孩使用罐头起子时十分费力，而往往成年人会隐藏自己使用工具时的困难；另一方面，饭店的专业厨师则带来了未被预见的有关清洁方式的新思路，非常讨巧，这与厨师对厨具的高要求分不开。这两类"极端"用户看似夸张的需求，却引导设计团队创造了一系列的创新产品——大卖的塞利斯的搅拌器、刮铲和比萨刀。[③]

包容性设计对我们放下固有成见、做出具备人性关怀的产品提出了更高的要求，而同理心则使包容性设计成为可能。

---

① 包容性设计（Inclusive Design）、无障碍设计（Accessible Design）和通用性设计（Unviersal Design）是意思相近的概念，包容性设计的范围更广，无障碍设计更多地指针对残障人群的设计，而通用设计是指一项设计可以被所有人使用，根据谷歌无障碍设计的负责人夏冰莹的理解，前两者更强调解决方案不止一个。

② 《设计心理学 3（修订版）：情感化设计》，[美]唐纳德·A·诺曼著，中信出版社。

③ 《IDEO，设计改变一切》（Change by Design），[英]蒂姆·布朗著，浙江教育出版社。

用户访谈 5 条准则

用户访谈一般用在对原型产品的测试、现有产品的测试、开放性用户态度行为研究中。在采访过程中，以下的准则可以帮助你使用同理心、减少对于用户的诱导，得到相对客观的产品洞察：

（1）观察行为比询问态度更重要：

用户的行为和言论很可能是不一致的，在访谈过程中通过用户使用故事或直接让用户使用产品并观察其行为，得到的信息会更加准确[①]。

（2）使用开放性提问方式：

避免诱导用户做出倾向性选择，例如让用户从方案里二选一、问以"是"或"否"为答案的选择性问题，应当回归场景本身，利用"5W1H"的提问框架（Who、What、Where、When、Why、How）。

（3）交流而不是提问：

在不偏离主题过多的情况下，让用户可以谈论问题之外的感受和故事，让受访者感觉自己可以控制这个对话，而不是在被审讯，不要轻易猜想或下结论，让受访者感受到你的好奇和开放，他们会更自如地表达自己的真实想法。

（4）询问最新的使用场景和用户故事：

不直接问结论，而是让用户描述使用场景，尤其是让用户回忆最近一次使用的场景，这样的用户意愿最强且易于设计者理解。

（5）向受访者确认你理解得是否正确：

---

① 一个在用研界比较知名的例子很好地证明了这一点：Sony 在数年前准备推出一款 Boomboxes 音响，召集了一些潜在消费者组成了焦点小组，以确定音响的颜色，一番讨论之后，大家倾向于黄色，在会议后，焦点小组的组织者请大家可以在各种颜色的音响中拿走一个作为纪念品，结果大家拿走了黑色音响，大家所阐述的观点和实际行动并不相符。

不要怕再次确认浪费时间！你所理解的很可能与受访者想表达的并不一样，对于模糊的态度或有疑问的地方，再次用自己的语言阐述一遍受访者的意思，既可以确认受访者的态度，也可以通过多问为什么来理解这种偏差背后的真实含义。

1. 技术专家很可能因为自己已经具备专业领域知识，而默认用户也具备同样的能力，导致设计的产品并不好用，所以抛开专业、回归无知是每个设计师和工程师以人为本的设计的前提；

2. 聆听、换位思考、不妄判、向他人表达自己的理解，可以帮助我们更好地与用户共情；

3. 包容性设计使设计更适用于所有人，也会用意想不到的方式启发设计者，这对我们放下固有成见、做出具备人性关怀的产品提出了更高的要求，而同理心则使包容性设计成为可能。

■ "无障碍的影响力远比你想的要大"——对话谷歌无障碍设计主管夏冰莹

受访嘉宾：夏冰莹，谷歌硅谷总部安卓无障碍设计主管，致力于安卓平台全套无障碍辅助产品的设计，发布产品包括安卓盲文输入法、百万日活的谷歌实时转写（用 AI 帮助聋人与健全人沟通的 App），深入了解残障用户群体、推广无障碍。公众号"无障碍设计小组"与知乎专栏"无障碍，是每个人都被世界善待"的管理者，坚定认为无障碍会改变世界。

笔者：无障碍设计主要包含哪些方面，它面向的人群是哪些？

冰莹：我专门做无障碍设计 3 年左右，我在做的工作是替有身心障碍的用户解决问题，为他们打造专属产品。例如怎么能让盲人用手机，我的工作是能让盲人或是让手指不灵敏、触摸不到屏幕的人也可以使用手机，或者让高位截瘫、只能说话不能动手的人群通过语音操控智能家居，用科技帮助他们的生活更方便，甚至进行更多的工作，过上更接近普通人的生活。

因为所有产品都涉及无障碍概念。虽然产品本身不是以残障人群为首要用户群，可如果在其中加入一些无障碍的考量，就能让你的产品被更多人群使用。

笔者：你的具体工作内容是什么呢？

冰莹：我的工作主要分三个方向：

第一个是针对残障用户，开发能够帮助他们的产品，例如让盲人用的手机屏幕阅读器，帮助聋人、健听人沟通的无障碍辅助产品。我是做安卓系统的，但不管是安卓、iOS 还是 Windows，操作系统里面一定会有很多的无障碍设定，像放大字体、颜色变深等，这也是我负责的部分；

第二个方向是帮助谷歌团队里的设计师检验其设计，并给出建议促进其改进，让他们的设计更加无障碍。这是类似咨询的工作，让谷歌整体产品的无障碍水平提高；

第三个方向是普及和推广无障碍，如举办更专业地讲解普及性质的演讲，以及推广无障碍工具与参考资料。让其他设计师能够意识到无障碍的重要性，同时也普及一些日常工作当中使用到的工具，方便他们实现无障碍友善的设计。

笔者：谷歌的无障碍设计标准或要求是怎样的？

冰莹：欧美体量大一些的公司都有内部无障碍标准，绝大多数都是从 WCAG 改良过来的，WCAG 全称是《Web 内容无障碍指南》（*Web Content Accessibility Guidelines*），这是业界公认的权威参考资料，各公司一般会以它为蓝本，再融入与各自公司相关的内容，或者把其简化一点，让员工更容易理解。

我们有一个内部的无障碍打分系统，设有几个档次（类似 0 ~ 100 分）。每一个部门会要求各自的研发产品达到特定标准，例如必须达到 80 分档次才能被发布。一般来讲，To C 的产品要求会高一点，由于 To B 产品一般相对复杂，To B 产品在时间线上会比 To C 产品稍稍落后些，不过最终目标是所有产品都要能达到 100 分。这些量化的标准，由内部一个比较庞大的团队来进行支持。

笔者：你认为海外做得相对不错的无障碍产品有哪些？

冰莹：海外的大品牌公司基本上都做得不错。微软是最早投身无障碍的大公司，由于美国的无障碍法律要求严格，例如政府或学校采购的产品必须符合无障碍标准，所以微软在 To B 方面投入了很多。海外公司做无障碍一开始是为了合规，但慢慢发现这件事情的意义与价值后，便投入了更多的精力。像 Xbox 的手柄，帮助行动障碍的人打游戏，还有微软推出的专门为阅读障碍的小朋友设计的读书学习工具，也是微软办公系列工具的一个亮点。

苹果也在无障碍方面一直做大量的宣传，在他们系统中也配置了很多无障碍的辅助工具。另外，谷歌、Meta（原名为 Facebook）、Instagram 和 WhatsApp 等这些品牌产品也都做得很不错。

笔者：可否给我们介绍一两个无障碍设计从研究到落地的实践？

冰莹：我的团队两三年前曾发布过一款叫作 Google Live Transcribe（如图 1.5

所示）的实时转写工具，用户接纳程度、推广程度高，算是比较成功的一个产品。它是通过 AI 语音识别，将周围的声音或人的对话转换成文字，显示在你的屏幕上，让听力丧失人群和听障人群看到周围人在说什么，与健听人正常交流。

虽然语音识别技术已相对先进，但是团队里健听人同事和听障同事沟通仍旧很困难，而且市面上没有一款简单好用的 App，能让他们直接知道对方在说什么。当时团队中的一位工程师，以试试看的心态，写出了 Demo，利用手机内置麦克风，将与听障同事的聊天内容全部显示在屏幕上。

当更多人了解到了这个产品的益处后，团队就想要把它落地，作为一款正式产品。前期我们采访了很多的听障用户，详细了解他们的需求和痛点后进行深化设计，例如控制字号的大小、调整文字滚动时的速度、支持多种语言或语言切换、甚至是克服口音或腔调。研发后期，我们又增加了一个让他们能直接在 App 里打字回复的功能，类似的这种工作，陆陆续续地做了好几轮后才最终发布。

后续迭代时，又依据用户反馈增加了很多新功能，例如保存记录便于返回查找；添加一些自定义的词汇，例如用户自己的名字或是常用的一些专有名词；提升转译的准确率等。

图 1.5　Live Transcribe 产品界面

笔者：在企业内部推行无障碍设计遇到过什么阻力吗？

冰莹：那太多了。最常见的就是为已有产品做无障碍改进，却没有资源跟上。

相比起普通用户，我们可接触到的残障用户实在太少了，且与 KPI 相比，如何取舍也是企业需要面对的难题。以及，很多企业虽然觉得无障碍是很重要、很棒和很有意义的事情，但落实到在产品发布的截止日期前，考量发布新功能还是无障碍改良时，后者总是被筛选掉，最后也不会提上日程。

笔者：那如何说服公司推行无障碍设计呢？

冰莹：我知道的国内像小米、华为、QQ 和微信，还有曾经的锤子手机，在推广无障碍方面都很上心的。说服公司推行无障碍，可以从几个方面着手：

第一，企业形象和 PR 的角度。无障碍做得优秀，会给企业形象带来很好的提升，令消费者觉得这是一个有责任心、值得去支持的企业。国外企业像苹果和谷歌等，都是市场公认的有社会责任感的科技公司，其实也是通过各方面累积逐步获得公众认可的。给企业形象带来的价值，虽然没有办法直接换算成钱，但绝对可以从用户那里获得信任度和好口碑；

第二，无障碍的影响力远比你想象的要大。社会组织统计过全球 20% 的人口都有某种程度的障碍，一方面残障并不一定指的是那些听不到、看不到的非常严重的残障，很多时候是一些轻至中度的隐形残障，像听力不是很好，或是色盲等；另一方面就是很多时候因为社会不重视无障碍，导致拥有严重残障的人没有办法出门，这也是我们看不到他们的原因。这是一件很可怕的事情，明明有这么庞大的人群存在，我们却看不到。还有很多精神、学习方面的障碍，例如很多时候小孩不爱读书或上课的时候注意力不集中，就被社会大众看成脑子不好使、不专心、不用功，等等，这种情况以前叫小儿多动症，正确的说法叫注意缺陷与多动障碍，所以无障碍的人群远远比你想象的要庞大得多；

第三，老年人一定会有无障碍的需求。老龄化社会正在到来，会有越来越多的人逐渐成为老年人，出现眼睛看不清、耳朵听不到、行动不方便、记忆力逐渐减退等情况，并开始有无障碍方面的需求。而且每个人在未来都一定会成为老年人，现在投资无障碍也是给未来的自己增加一个保障。如果我们不投入、不重视无障碍，后辈也同样没有此等意识，就变成了恶性循环；

第四，所有人都会出现"残障瞬间"。开车行驶的时候不能操作手机，嘈杂的餐馆里听不清对面人说的话，这些情境下的需求与残障用户一模一样。刚接触无障碍时，人们会觉得残障人士只是少数存在，并不常见。如果一层一层扩大去看，其实它是能够影响并帮助所有人的。当你产品的无障碍设计愈加完善时，产品自身也更具优势；

还有一点很重要，很多高新技术其实是最先惠及残障人士的，例如语音识别、图像识别、眼神操控和自动驾驶等，这些技术对于普罗大众来说还不够成熟，或者说不能落地。但对于残障人士来说，这都是能完全改变其人生的技术，哪怕现在还未成熟。对于科技公司来讲，很多前沿的技术还未找到应用场景，这都是开发的动力。例如说有些公司或大学会设有专门的科技研究部门，像人工智能方面的研究，短时间内可能无法产出很实际或平民化的应用，但放到无障碍方面来考量的话，通过智能辅助去弥补人体本身的一些缺陷，或是能力不足的地方，对于有残障的人来说，其意义和使用价值都超乎我们的想象。

笔者：对非专业从事无障碍设计的人们，有什么工作建议吗？

冰莹：一定要提高整个团队意识，光是一个人去呼吁无障碍，是非常不切实际的。首先，你可以循序渐进地让更多的人了解无障碍，例如在公司内部分享干货文章或是做一场讲座；其次，你可以从个人工作层面做一些尝试，例如说设计师们试着去严格遵循无障碍设计规范，或者与其他同事协作时，提议去共同推进无障碍。

通过实践与心得分享，去做你们产品的无障碍带头人，让更多人意识到它的重要性。如果你做的是用户调研，例如客服或市场推广性质的工作，分享一些无障碍用户的反馈或故事，也是一个很好的分享方式。

在科技公司里，其实每一个职位都可以从不同方面来影响无障碍实施。提高大家对无障碍的意识是第一步且是最重要的一步。当人们听说过、开始了解无障碍时，相当于前进了一大步，再去推进执行也不再困难。

研究的终极目的：提出正确的问题

"我们的产品面向的用户市场有如下特点……"慢着！你的第一步就错了，很可能你的用户定位本来就是错的！

"解决这个问题的思路可以是……"慢着！也许你的解题步骤就错了，很可能你提出的问题本身就有问题！

"针对这个功能的优化，我们来做用户研究吧……"慢着，你已经预先设定了这个功能，但是你怎么知道这个功能本身是否应该存在呢？

还是用户体验设计专家诺曼的例子，他也曾在一些商学院授课，在 MBA 的课堂上，他在第一节课抛出了问题给学生一周时间去解答，学生们绞尽脑汁，准备了详尽的研究、图解和说明，再在课堂展示中亮出一大堆数据，如商业模式、成本、利润等，但是当诺曼反问学生们，你怎么知道我提出的问题是正确的时候，这些 MBA 的学生们都愣住了。不深入考虑是否面对着正确的问题就试图去解决它，似乎已经成为了一种习惯。

在产品经理和产品设计师的面试中，一般都会有一个环节叫作设计挑战（产品经理的考察问题有所不同，但是不影响接下来要表达的观点），例如"请给儿童设计一款 ATM 机"。如果拿到问题直接就开始解题，基本你的面试就结束了，反问问题才是设计挑战的第一步，如界定问题边界、呈现形式、限制条件等，就像在做一个超级简易的设计研究一样。但是，在面试的时候人们会很清楚这样的"套路"，而在实操的时候就往往又是另外一回事了。

用户研究应当如何开始？从开始问你试图回答的问题开始。

用户研究应当如何完成？从提出正确的问题告一段落，如图 1.6 所示。

图 1.6　用户研究的起点和终点

　　产品研发的第一步是了解人和他们所处的社会文化背景，而不是盲目地直接对"用户"下定义，否则有可能在错的道路上越走越远。新产品的诞生，无论是硬件还是软件，都更需要对"人"（因为这个阶段可能没有定义用户）在真实使用场景中的行为和态度行为进行评估，尤其是对于潜在态度，所以在真实使用场景中的行为性研究方法会对于新产品的研究更为重要。

　　往往在实际工作中，研究到设计，再到交付都存在断层，设计师不是研究员，没有太多的时间和精力去进行定性或定量研究，但是研究产品、用户和市场是设计的第一步，也是设计师的重要工作内容；研究员不是设计师，不直接进行产品设计方案的输出，但是研究员应当运用设计思维发现用户体验中的问题与挑战，并输出对下一步设计有意义的研究成果。在科技产品的设计研发过程中，一味遵循线型的"研究—设计—开发—测试"只会拖慢产品迭代的速度，使其丧失竞争力。就拿人物角色来说，传统意义上，人物角色一般由一个公司的研究部门主导或交由外部的第三方供应商完成，但是这个过程不光时间很长、花费很多，还会导致设计者与人物角色探索这个原本可以深入了解用户的过程脱节，所以如果想做到敏捷开发，人物角色就不是一个一次性创建，不改变的状态，而应该有不断完善的过程，每当对用户反馈、用户数据获得新知时，就可以修正人物角色。还是和我们在面试时解决设计挑战的顺序类似，在针对问题问问题之后，下一步是做出假设。针对人物角色，我们有一个预先的设定，提出假设，再在不断地用户研究和实际测试中验证假设，进而完善人物角色[1]。

_____

[1]　《精益设计：设计团队如何改善用户体验（第2版）》，[美] 杰夫•戈塞尔夫，[美] 乔什•赛登著，人民邮电出版社。

互联网的打法和习惯本身就在颠覆着我们对用户的理解和信息获取方式，那些在工业设计界成熟的设计和研究方法会应用到用户体验设计和交互设计领域，同样地，我们也看到互联网思维是如何不断渗透着传统行业，为传统生意带来变革的。例如在快消行业常用的市场调研方法——焦点小组，一般是交给专业的咨询公司们去主导，由一个经验丰富的主持人主持，招募能够代表用户群体的 6~8 人进行，以此收集潜在用户群体对产品和品牌的反馈，但是这样一套流程走下来需要 2~3 个月的时间，花费巨大。

这两年迅速崛起的饮料品牌元气森林，主打无糖零卡。据研究机构推算，2020 年元气森林在零售终端完成了超过 25 亿元的销量。元气森林的创始人并不是快消行业出身，而是拥有互联网背景，曾打造过"开心农场""列王的纷争"等爆款游戏，元气森林的打法也处处像个互联网公司。据元气森林前研发总监叶素萍说："元气森林的产品研发与互联网产品迭代如出一辙，快速试错，一两天就会做一次口味测试，然后迅速调整，3~6 个月就可以推出一款新产品。"元气森林 SKU 研发速度和研发规模是同行的数倍，只有 5% 的 SKU 上市了，但是上市就可以打造"白桃汽水"这样的爆款，放到传统的快消行业，3~6 个月可能市场调研刚刚做完，交由公司审批。虽然像元气森林这样用互联网打法进入传统行业的企业的未来发展还需要市场的检验，但他们的确在相当短的时间内占领了可观的市场份额，改变着我们传统意义上理解的商业模式[①]。

在敏捷开发中，我们要有的思维模式是研究本身也可以快速迭代，研究的方法可以是非常多样化的，但是方法只是路径，只要能够帮我们达成目标即可，就跟我们在第四章会讲到的测试方法和时机的原则一样，再简单的测试方法，都值得去做，要记住，我们做那么多研究，最终的目的只有一个：

提出正确的问题。

最开始提出的问题可以是"Five Ws and How"（5W1H），如图 1.7 所示：

我为什么要做这个产品 / 功能 / 服务？（Why am I building this?）

我在为谁做？（Who am I building it for?）

---

① 部分数据援引研究机构增长黑盒的成果。

何时何地它会被用到？（When and where will it be used?）

我做了个什么产品 / 功能 / 服务？（What am I building?）

我如何测量它？（How could I measure it?）

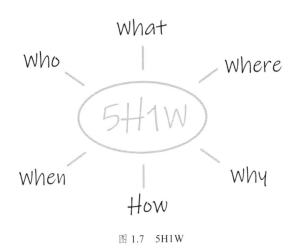

图 1.7　5H1W

运用一系列的用户研究方法，我们得以把问题细化，最终提出正确的问题，得出产品 / 服务的定位，设计相应的解决方案。例如"我在为谁做？"→"他们的需求和期待是什么？"→"xx 产品为什么解决了他们的痛点？"或者"他们已经习惯于使用 xx 产品了，为什么要用我们的产品？"问题从用户中来，定位到用户中去。

乐高是一个具有全球品牌影响力的公司，年收入 400 亿美元，是全球第一大玩具公司，但是它也曾经历濒临倒闭的危险。在 1988 年，乐高专利到期，各种仿品涌入市场，又遭遇 90 年代末期电子游戏产品的普及，让乐高陷入了亏损。1998 年，乐高请来一位业务转型专家——一家家电企业的 CEO 布拉格曼掌管乐高，但是这位专家却差点直接让乐高破产。布拉格曼提出了创新的七个法则，每一条看起来都十分正确，但是这些创新法则并没有催生真正被用户接受的创意，反倒让这个品牌价值稀释，产品线混乱。终于在 2004 年，年仅 34 岁，刚刚进入公司两年多的克努德斯托普接管了濒危的乐高。他采取了一系列复兴核心产品、提升利润的举措，他让团队定义乐高与众不同的属性。

他们问出的问题是："乐高为什么会存在？如果乐高消失了，这个世界会怀念它的什么？"研究团队开始在网络上联系乐高的成年粉丝，参加粉丝举办的乐高聚会，与粉丝面对面交流。这些成年粉丝，从小开始玩乐高，是最能理解乐高的品牌核心价值的一群人，是真正的乐高的铁粉。在和核心用户交流后，研究团队定位乐高产品路线应该回归积木路线。确定了积木路线是乐高的生命，他们邀请粉丝来公司玩积木、给反馈，还在网上建立了针对儿童的圈子，邀请孩子们测试玩具，在全世界范围内招募了 2000 名儿童，在家长的协助下在论坛里评论乐高玩具的设计、发表看法、填写问卷等。乐高的开发人员会在论坛里上传玩具的早期原型图片，这些儿童测试者们就会发表意见。他们广泛展开问卷调查、焦点小组等方法，甚至会派研究人员走进乐高用户的家庭中观察，深入了解用户是怎么看待乐高、怎么玩乐高、什么样的人在玩乐高、对他们来说乐高的魅力在哪里。乐高公司重获新生，而这一切都离不开最开始那个问题："如果乐高消失了，世界会怀念它什么？"

提出正确的问题，就是在框定我们设计的对象、范围、挑战，进而定义我们面对的问题，才会有后面的我们如何解决问题。研究阶段的共情和探索是尽可能地以开放的心态和发散的思维去了解背景、用户和问题，而定义阶段就是收束思维，形成观点（Point of View）。

斯坦福大学设计学院的《设计思维指南》中，对好观点的特质是这样描述的：

（1）提供问题的框架和重点；

（2）可以激励团队；

（3）可以为有竞争的观点提供评价标准；

（4）可以让团队不同成员独立平行地做决策；

（5）抓住人们的心智；

（6）把你从"给所有人进行设计"这样的错误中解救出来。

归根结底，要想有正确的解决方案，还是要发出那句灵魂拷问：什么是正确的问题？

How Might We

学会提问，我们也可以采用 HMW 方法，"我们如何能（How Might We，HMW）"方法是一种用在研究之后、构思方案之前的系统性的方法，从洞见和用户故事中，我们可以用 HMW 方法帮助我们把研究成果转化成下一步可以执行的解决方案。HMW 作为一种引导思维的方式，提出的问题一方面需要有空间让想象力和创造力发挥作用，另一方面又需要相对具体，给问题提供一个有意义的清晰边界。

 小结

1. 研究从提出目标问题开始，5W1H 是个不错的开始；

2. 研究在提出真正要解决的问题告一段落，HMW 方法是一个很好的启发式提问的框架；

3. 研究方法本身也可以迭代，保持灵活，方法只是路径，目的是让我们走向正确的方向。

好的设计师应该特别能讲故事——对话爱彼迎资深设计经理王莹

受访嘉宾：王莹（Sunny Wang），现任 Airbnb（爱彼迎）中国资深设计经理，管理房客端体验设计团队和产品视觉团队。2015 年加入爱彼迎，曾于美国总部工作，设计公司内部信息管理和社交工具。此前，任职于美国谷歌总部的安卓部门，是 Project Fi 虚拟移动运营商产品的第一个交互设计师，期间负责用户增长和账户管理的跨平台体验设计。再之前在旧金山的房屋搜索平台 Trulia 担任视觉交互设计师。研究生毕业于卡内基 - 梅隆大学人机交互硕士专业，本科毕业于北京邮电大学通信工程专业。目前工作和生活在北京。

作为一个用户体验设计从业者，"做令人微笑的设计（Design to Delight）"是她的小梦想，她希望通过设计解决实际问题，创造新的价值，连接不同行业和文化背景的人，帮人们看见远方和深处。

笔者：你加入爱彼迎五年多了，当初为什么选择这家公司？

Sunny：爱彼迎是我读研的时候就关注的公司，尤其在 2014 年品牌设计升级后。最击中我的是它集合了我从小就喜欢的几个主题 —— 建筑（世界各地的民宿很美）+ 人文（使命是全球皆有归属感，即人和人的连接）+ 匠心（不计投入地打磨一件事，即实效 / 情怀 / 美）。不过早年开放的设计岗位很少，所以有一天爱彼迎招聘人员联系我是否感兴趣的时候我很惊喜，从聊意向到走完面试流程，总共才一周的时间。

面试的过程加深了我对这家公司的好感，可以感受到"人"是这里的核心。面试的流程是经过悉心设计的：走进公司，每个遇到的人都会很友好地和你打招呼，等待面试的房间里也有欢迎卡片，就像入住一个贴心房东的家一样。面试官很重视你这个人，例如面试会关注是什么经历造就了你而非你创造过什么战绩；

例如有核心价值观面试这样独特的存在来判断你和公司的价值契合度。所以即使其他选择也很有吸引力，我还是听从内心的声音选择了爱彼迎。

笔者：爱彼迎对设计和用户体验的追求业内知名，可以从设计理念和工作方法的方面介绍一下吗？

Sunny：设计理念好像没有特别官方成文的，已经融入在每天的工作中了。它具象成了设计原则、设计语言、设计流程等，通常是由美国总部孕化，我们做本土化沿袭和再生，两者有着一样的基因。

我们美国的设计团队常提"People First"或"People Values"，即"以人为本"，连接人与人，解决人遇到的问题，为人创造价值，它和公司的使命"Belong Anywhere"是相通的。在我的团队中，我坚持鼓励有爱的设计，这个"有爱"是说有爱彼迎的价值观，即从中国旅行者的视角出发，帮他们用最顺手的方式找到心仪的民宿或体验，旅途中住和玩得开心，结识新的朋友，解锁新的生活方式，成为爱彼迎大家庭的一分子，邀请更多人一起四海皆家，把"Belong Anywhere"这个精神传递下去。这个理念引导设计师们想得更全更透：大大小小的产品功能，其实都牵动着用户的爱彼迎故事中某一环节，再小的设计改动都应该反映着向使命迈进的意义（如图1.8所示）。

图1.8　爱彼迎的产品插画[①]

工作方法上，以人为本的设计理念是实践的灵魂。例如一个体验设计师需要植根于深度的跨职能团队合作，在脑海推敲并用可视化的设计定义梳理如下问题：

---

① 插图作者：张钰倩，爱彼迎视觉设计师。

- 是谁遇到的问题——目标用户；

- 人的自然行为应该如何——理想状态；

- 现在他们的困难/诉求是什么——需求分析；

- 这个痛点有多痛？影响了多少人——机会估计；

- 是如何听到他们的声音的——数据研究；

- 问题背后的诱因可能是什么——假设归因；

- 解决这个问题，会给他们带来什么——用户价值；

- 如何把上述问题用设计语言表达出来——设计文档。

当然，上述内容不是设计师独立产出的，是集合产品经理、数据科学家、用户研究、工程师和用户运营等合作方的信息与思想，但我们要求设计师亲历这些信息，整合输出成简洁直观的设计表达（如果三句话解释不清，说明没理解到位），让设计师基于客观事实而非个人偏好做设计。同时帮团队从一而终地可视化关键决策的心路历程，达到同步共识、团结人心。

描绘理想态（Vision，北极星指标）

设计师会用同理心带入用户的视角，基于数据事实、研究洞察以及设计直觉来描摹一种对用户来说最理想的情景；同时，也要考虑商业逻辑和产品逻辑，理解对公司来说最理想的情景。

为上述二者找到在有限时间和资源前提下的结合点，用体验框架、故事版、体验地图、关键界面、可交互模型等各种精度把理想体验描绘出来，再和团队一起找到走到北极星的路，定义要经历的几个里程碑。

设计探索和假设验证

每个设计的探索方向都是一条解决问题的路，殊途同归，都通往北极星。不同的路可能基于不同的假设归因，也可能是同一个假设下的多种解决方式，这是个考验脑力的过程。

我们要求设计师在探索的时候明确选择路径的原理，即解决什么问题、基于什么假设，并通过用户研究、线上 A/B 实验的方式回溯验证这个假设的真伪。即使实验效果很好，不是开心地上线就完事了，而是要理解成功的原因，到底帮用户解决了什么难题，带来了什么价值。

上述迭代历程需反映在每位设计师的工作文件中，格式不限可自由发挥。最后的实验状态和心得记录在团队统一的表里，为设计原则和理念的演进提供知识储备，以便最终更好地服务于用户 —— 回归到"人"。

设计交付和规范化

爱彼迎的 DLS（Design Language System, 设计语言体系）是一个很成熟的体系，总部有中心化的 DLS 团队在不断耕耘迭代它。每个小业务团队都有体验设计师来承担 DLS 代表的工作，确保大家的产出基于一致性原则做创新发散。DLS 团队也会给内部设计师们提供丰富多样的设计工具以提高效率和保持统一，如同一个内部的小 To B 组织，不断汲取最先进的技术和理念，带动设计师们前进。

总结来看，"人"体现在我们日常工作的每个细节当中。为谁设计、和谁设计、谁在设计，全方面都有以人为本的坚持，远远不止一个界面这么简单。

笔者：故事叙述（Storytelling）在爱彼迎设计方法中是如何运用的？

Sunny：用户体验是关于人的体验，有人的地方就有故事。体验设计师从头到尾都在讲故事，发现问题是一个故事，求解过程是一个故事，体验蓝图是一个故事，团队协作还是一个故事。好的设计师应该特别能讲故事。

爱彼迎的设计文化乃至整个公司，都很重视讲故事。三个创始人中有两个是设计师，都是很有故事感染力的人。联合创始人兼首席执行官 Brian Chesky 从内部周会到外部发布会的演讲，不论是否有 PPT，都体现了环环相扣服务于主旨的故事线，表达方式也引人入胜，很有记忆点。我们的宣传片、广告、社交媒体、产品，无不体现了讲故事的用心和考究。总部甚至有一个专门的设计职能职位——演讲设计师（Presentation Designer），远不只是美化 PPT、做模板，而是深度设计演讲的脉络、风格、节奏和呈现，可以说是把媒体人和平面/动效设计的技能都融合到了这个内部岗位中。

在这样的环境下，设计这个本来就注重故事叙述的领域，就会被历练得更深入和多元。需要明确的是，讲故事的内核是信息效率最大化，即用 engaging（维系受众的注意力）的方式，深入浅出地传达信息，并非做一些买椟还珠的修饰。讲故事的媒介也非显式的文字或者图像，而是一种信息传达的脉络。

接下来，分析一下讲故事在我们日常设计工作中的体现：

为什么要讲故事？工作中可以不讲故事吗？

事实是，即便你没有讲故事的主观意识，不会任何讲故事的技法，只要在与人沟通，你就时刻在讲着你的故事。写文档，整理设计文件，站会上讲这周的工作，设计评审上讲解设计思路和探索，和业务方以及产品团队对设计方案，甚至写年终总结，在所有过程产物到最终呈现中，故事的身影无处不在。你可能还没想过要用讲故事的视角来看待这些日常，但如果切换到听众视角，你应该会发现：有的同事思路清晰，说的写的你很快能接收，因为内容皆有清晰的要点；有的同事说了很久写了很多，内容却像白噪声一样飘过，前因不搭后果。这就区分出了会不会讲故事。

由此，上面两个问题的答案就呼之欲出了："讲故事"就是为了让你的观点更直白、精准地进入听众的脑子，不偏听、不误听，做有意义有效率的沟通；工作中讲故事不可避免，所以不得不讲。

给谁讲故事？

每个故事都有听众。在什么场合，面对怎样的听众，你有多少时间传达信息，你需要这些听众带走的信息是什么，你对这些听众的诉求和影响是什么，你希望他们听完采取什么行动，这些都决定了你要如何去讲这个故事。所以给谁讲故事，是最大的前提。

不同的听众除了在意的点不同，能接收的话术、信息篇幅、颗粒度也是不一样的，你都需要在设计故事前明确。可以参考以下角度：

● 设计师看思路和呈现；

● 工程师看能否实现；

- 产品经理看能否服务业务和用户目标；

- 数据科学家看设计结果能否被验证；

- 老板看短期和长期价值。

怎么讲故事？

第一步，整理信息素材。如同做菜前把原料买好，分门别类摆到顺手的位置一样，我们需要明确所传达信息的全貌。回顾上面提到的设计流程中定义梳理问题这一步，我列举了设计师开始一个项目时需要收集消化的各项信息（目标用户、理想状态、需求分析、机会估计、数据研究、假设归因、用户价值），这就是设计文档这个故事产出的信息素材，是炒菜的原料。

第二步，厘清信息主次。这就要结合给谁讲故事这个前提，基于不同听众排序信息的主次和篇幅比例。所有信息都传达到位当然最完美，但在有限时间内，我们要突出和听众更直接相关的内容，例如：

- 设计师看完整思路和呈现：所以突出需求分析、假设归因、理想状态、设计探索；

- 工程师看能否实现，所以突出机会估计、假设归因、设计交付；

- 产品经理看能否服务业务和用户目标，所以突出目标用户、需求分析、机会估计、假设归因、用户价值；

- 数据科学家看设计结果能否被验证，所以突出机会估计、数据研究、假设归因；

- 老板看短期和长期价值，所以突出机会估计、用户价值、理想状态。

第三步，设计信息顺序。在不同的听众和场合下，可以变换信息传达的顺序，就好像电影或者小说里的正序、倒叙、插叙和蒙太奇等各种叙事手法。例如：

- 设计评审和产品团队内部讨论方案：可考虑正序，前因后果明确，最后主要的时间留给讨论方案的合理性、体系性、完整性和创意性等，但每个信息点的篇幅依然需要基于第二步做调整；

- 在公司大会上展示设计成果或给决策层做新点子售卖（Pitch）：可考虑"倒叙"，即先用"厉害的"用户视角历程描绘美好的明天，再简述目标用户现在的痛点和假设归因，会比正序更抓人，在最短的时间把最关键的信息传递出去。

第四步，选择信息媒介。说？写？图文结合？交互演示？视频剪辑？随着信息媒介逐渐丰富，单位时间内能传递的信息量也会增大，给用户带来多感官的记忆点。设计师本就拥有丰富的工具技能，可以用各种方法将信息可视化，只要有了讲故事意识的加持，便更容易成为最会讲故事的那类人。我们应该用这项技能发挥更多团队价值，用设计思维和精湛技艺促进团队和行业内外的沟通。

怎么讲好故事？

练习，练习，练习。只有不断有意识地去讲故事，尝试各种讲故事的手法，在不同的场合和听众前演练，才能逐渐找到适合你自己、适合你的听众、适合你所在的环境的讲故事方法，找到属于你的好故事。

上面说的还都只是工作的过程中要如何讲故事，更不用说我们的每一个设计产出，每一个功能迭代，都蕴含着一个给用户的好故事。在设计的时候，想象用户是一个听众，你要将这个功能用来干什么、怎么用、用完得到什么、以后还可用、说服别人来用等信息直接有效地传达给用户，让他们觉得可用、好用、爱用，这个故事背后所需要的心思和打磨就更深远了。

笔者：爱彼迎是如何衡量和评价用户体验效果的？

Sunny：主要的衡量方法和其他互联网公司应该差不多，有 A/B 实验、满意度调查、用户研究、市场分析等。较为特别的一个坚守是，我们几乎所有上线的功能都是由 A/B 实验验证过的，需要在指标符合预期、有明确的假设归因（知道数据背后的用户意义）、实验足够科学性（一定时常、一定概率标准）的前提下，保证每个改动都服务于用户和业务目标，向着使命更前一步。我们较少使用"鸟枪法"上线海量可能的变化，看哪个浮现出优势，而是会花时间精力尽量做全面细致的分析。

从用户体验设计角度，我们也在不断寻找着非业务数据的指标来更全面地理解给用户带来的变化和价值，甚至用产品化的方式将这种问询植入到自然的流程当中，服务用户的同时获取他们更实时的反馈。

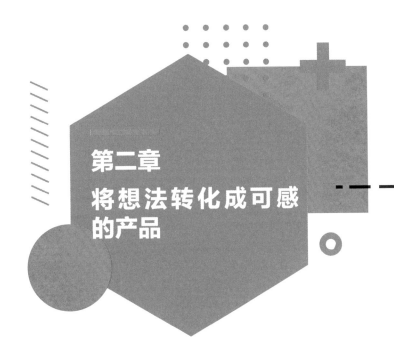

第二章
将想法转化成可感的产品

一个团队的成功标准是生产力吗？

为什么我们做了很多功能却仍然无法受到用户欢迎？

如何在产品设计和开发中分配资源和精力？

对于创新，是点子更多重要，还是点子正确重要？

如何利用最小可行产品进行迭代和验证？

■ 功能不是目的，价值才是

好了，现在我们已经找到了正确的需求（至少是阶段性正确），定义了问题，进入到生产设计和开发阶段。在一头扎进产品的功能清单之前，我们来审视一下产品策略。谷歌和亚马逊资深产品经理克里斯·范德·梅（Chris Vander Mey）在他的书中说："策略是指在竞争对手的压力下，利用公司独特的优势来争取目标用户的粗略计划。它就是这个样子，既不是详细的产品描述，也不是一页细致入微的计划。它只是一段用于说明对目标客户来说，你的产品将如何长期保持比竞争对手更强的吸引力的话。简而言之，你需要阐明三件事：客户、公司和竞争[①]。"这三件事定义了我们做什么事、做成的路径和路径中的内外部条件。这要求我们牢记，我们工作的使命是在特定的市场环境中，利用自身的优势，为用户创造独特的价值。提供独特价值是最终目的，交付产品功能只是途径。

专注于成果和价值而非功能，促使我们以更多变、灵活的视角去看待为客户提供产品或服务的方式，并鼓励我们持续测试和验证我们的成果。事实上，我们很难预测客户是否会按照我们精心设计的功能和流程使用和体验产品，客户的交互过程往往带有随机性和一些出人意料的情况，那么，在这种情况下，过早和过度强调功能清单本身就是一种丧失目标的行为。

延展阅读

Jobs-to-be-done

现在广泛被采用的 Jobs-to-be-done（JTBD）方法正是让设计者聚焦在成

[①] 《谷歌和亚马逊如何做产品》（*Shipping Greatness-Practical Lessons on Building and Launching Outstanding Software, Learned on The Job at Google and Amazon*），[美]克里斯·范德·梅（Chris Vander Mey）著，人民邮电出版社。

果上的一种方法。JTBD描述的是一个产品或服务是如何帮助用户达成成果的，它的结构是：

"当……（情况），

我想要……（动机），

所以我可以……（预期的结果）。[①]"

但是在产品研发过程中常见的一个做法是，开始做任务设定的时候，大家一般会遵循这样的方式，但是到后来，做着做着"预期的结果"就变成了"某项功能"，整体团队从为了实现产品价值而努力，变成了为某项功能的实现而努力，测试标准也变成了是否实现了某项功能，而非是否实现了预期的结果、产生了产品价值。但是"战术上的勤奋不能弥补战略上的懒惰"，一个团队的成功不应该是取决于生产力，而应该是依靠实现了多少用户价值[②]。

要知道，用户想要的不是一个锤子，而是在墙上凿个洞。

延展阅读

初创企业海盗指标

PayPal早期员工、500 Startups创始人戴夫·麦克卢尔（Dave McClure）创建了一套用于衡量初始业务成果的指标，叫作"初创企业海盗指标"（Startup Metrics for Pirates），也可以用于大公司里的小团队衡量产品成果。这套指标以客户生命周期漏斗（Customer Lifecycle Funnel）为框架，制定的规则是基于产品的预期成功指标。

"初创企业海盗指标"的各项指标的英文首字母缩写为AARRR，如图2.1所示：

---

① Jobs-to-be-Done的更多内容详见附录——工具箱。
② 《精益设计：设计团队如何改善用户体验》（*Lean UX: Designing Great Product with Agile Teams*），[英]杰夫·戈塞尔夫，[英]乔什·赛登著，人民邮电出版社。

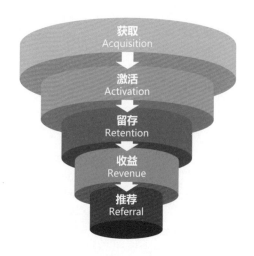

图 2.1　客户生命周期漏斗

获取（Acquisition）

——客户能否得知我们推出的新功能或新产品？

——参考指标：渠道曝光量，渠道转化率，日下载量，日新增用户数，获客成本（Customer Acquisition Cost，CAC）。

激活（Activation）

——客户知晓新功能或新产品后，能否使用？

——参考指标：日／周／月活用户数（DAU/WAU/MAU），每个节点的用户流失率（Churn Rate），页面浏览量（PV），独立访客数（UV）。

留存（Retention）

——我们是否可以让客户反复使用产品？

——参考指标：留存率（首日留存、周留存率、月留存率）。

收益（Revenue）

——能否让客户为这项功能付费？

——参考指标：付费用户占比，付费用户平均收入（Average Per Paying

User，APPU），生命周期价值（Life Time Value，LTV），销售额，复购率。

推荐（Referral）

——是否可以让客户向朋友、同事、老板或其他人推荐这一新产品或新功能？

——参考指标：净推荐值（Net Promotor Score，NPS），转发率，K因子（K-factor，一个发起推荐的用户可以带来多少新用户，计算方法：每个用户向他的朋友们发出的邀请的数量 × 接收到邀请的人转化为新用户的转化率）。

以价值为最终目的还可以使我们避免堆叠过多功能。可能你对二八定律并不陌生，二八定律也叫帕累托定律（Pareto's Principle），在商业上被广泛应用，最初由意大利经济学家帕累托提出。他认为，在任何事件中，80%的产出是由20%的投入产生的。原因和结果、投入和产出、努力和报酬之间存在着不平衡。例如，80%的社会财富是由20%的人输出的；在一个国家的医疗体系中，20%的人口和疾病消耗了80%的医疗资源。占多数的只能造成少许的影响，占少数的却能造成主要的、重大的影响，如图2.2所示。

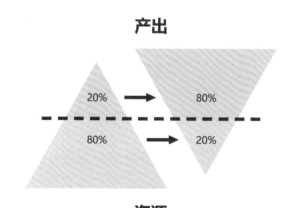

图 2.2 二八定律

其实，二八定律在产品设计中同样适用：20%的产品功能提供了80%的产品价值，所以我们要做的是识别出这重要的20%的影响因素并提升其优先级，即可产出 80% 的成果。通常我们也会把这 20% 的功能叫作产品的核心功能或者产品竞争力功能。着重于产品竞争力功能不仅可以帮助我们优化生产力，更可以使产品简洁易用——很多时候不是你没有做这个功能，而是用户已经看花了眼，根本没找到想要找的功能，如图 2.3 所示。微信的缔造者张小龙在 2021 年微信公开课中说过："一个产品，要加多少功能，才能成为一个垃圾产品啊！"

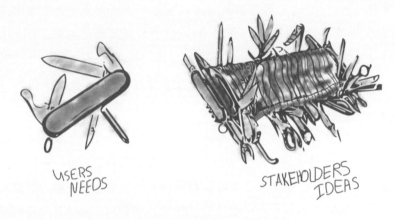

图 2.3　用户核心诉求可能很简单（图片来自网络）

"将想法复杂化，比简单化更容易。简单的创意，更能深入人心、持续更久。"

——《故事思维》，[美] 凯文·艾伦（Kevin Allen）著

对用户需求分类和优先级排序可以参考卡诺模型（KANO model），如图 2.4 所示。卡诺模型用需求实现程度和用户满意度双因素，展现了产品性能和用户满意度之间的非线性关系。该模型最初由东京理工大学教授狩野纪昭（Noriaki Kano）提出，他受美国心理学家赫兹伯格的双因素理论的启发，将产品服务的质量特性分为五类：

（1）基本（必备）型品质——Must-be Quality/ Basic Quality。

必须要有，但是用户满意度不会因为你在基本性功能上投入更多精力而大幅提升。例如手机需要有电量指示，用户已经预期肯定会有这个功能，没有这个功能就等于重大产品缺陷。基本性功能只要"具备"且"达标"即可。

（2）期望（意愿）型品质——One-dimensional Quality/ Performance Quality。

产品服务产生区分度的地方，最应该努力的地方，最可以体现产品的核心竞争力。这个品质可能是设计，可能是内容，可能是运营。

（3）兴奋（魅力）型品质——Attractive Quality/ Excitement Quality。

不是核心竞争力，但是可以让用户满意度大大提升，让用户产生"啊哈"时刻（aha moment）的惊叹，让产品服务展现与众不同的调性，提升用户黏性。例如当下很火的"微交互"就属于兴奋型品质。

（4）无差异型品质——Indifferent Quality/Neutral Quality。

用户不在乎或无所谓的一些功能。要避免在这些功能上花费过多时间，过多无差异功能的堆砌会稀释核心竞争力，而且是对开发资源的一种极大的浪费。

（5）反向（逆向）型品质——Reverse Quality。

需要避免的情况。例如过度的广告弹窗等，它们越多地出现，用户满意度就越低。

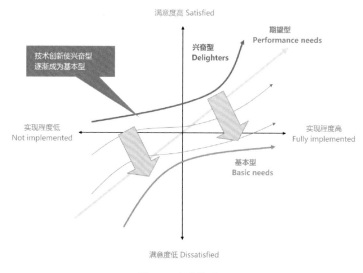

图 2.4　卡诺模型

当然，随着时间的推移和技术的进步，一些兴奋型品质也会向基本型品质转化。例如以前社交软件只具备文字输入功能，后来出现的语音信息就属于兴奋型品质，而现在，发送语音信息基本已经是社交软件的"标配"，下降为了"基本型品质"；再例如智能手机触摸屏刚出现的时候是新鲜事物，但是现在已非常普遍，触摸屏也变成了智能手机的"基本型品质"。

 小 结

　　1."战术上的勤奋不能弥补战略上的懒惰"，一个团队的成功不应该取决于生产力，而是应该依靠实现了多少用户价值。

　　2.二八定律在产品设计中同样适用。识别出最重要的 20% 的因素并提升其优先级，即可产出 80% 的产品价值。

　　3.对产品服务的分类和优先级排序可以参考卡诺模型。

鼓励更多的点子，而不是"正确"的点子

曾经有人做过一个实验，在一个制作陶瓷的课程里，老师让学生分为两组，一组学生被告诉根据制作出来的陶瓷质量进行打分，而另外一组学生则被告诉尽可能多地制作，根据数量打分。结果出乎意料，追求"质"的那一组学生的作品比追求"量"那一组学生的作品质量反倒要差不少。成功就孕育自这些众多的"失败"里，硅谷常说的"Fail fast. Fail earlier."就是这个意思。在新手和初始阶段，多尝试、多迭代、多"失败"，而不是强调完美，对产品的质量进步更有帮助。这也是一种从不确定到聚焦的设计模型，如图 2.5 所示。

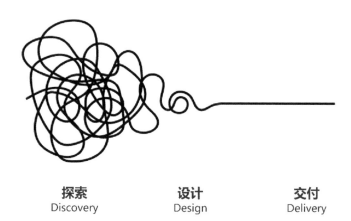

探索　　　　　设计　　　　　交付
Discovery　　　Design　　　　Delivery

图 2.5　从不确定到聚焦的设计模型

我们在运用集体智慧时，也有这样的一个基础原则：越多越好，点子的数量越多，越有可能产生好的点子。

那么如何鼓励更多的点子呢？

（1）建立"Yes"的团队文化。

在具体实施各种各样的鼓励创新的方法之前，首先要审视我们的团队文化，

是在鼓励创意还是在打击创意；是在鼓励透明反馈，还是在打击透明反馈。鼓励更多点子的前提是需要建立起一种积极反馈的正向企业文化。谷歌的前任CEO埃里克·施密特（Eric Schmidt）和前产品副总裁乔纳森·罗森博格（Jonathan Rosenberg）合著的《重新定义公司——谷歌是如何运营的》（*How Google Works*）特别强调在谷歌建立"Yes"文化的重要性。两位作者都有孩子，他们对不假思索地说"不"深有体会。"我可以喝苏打水吗？""不行。""我可以吃两个冰淇淋吗？""不行。""我没做完作业，但是我可以玩电子游戏吗？""不行。""我可以把猫放进烘干机里吗？""不行！"不光是家庭生活，工作环境中"就是不行"的症候也会悄悄潜入，因为公司本来就是一个容易充满让你说"不"的地方：要遵循的流程、要报批的预算、要参加的会议……但是太多的"不"会让团队气氛变得死气沉沉，最终导致创新型人才离开。

（2）有效利用头脑风暴。

头脑风暴（Brainstorming）很常见，但是也有争议，有时候它像你没什么点子的时候的救命稻草，"没想法啊！那么来头脑风暴吧！看看大家有什么想法。"有时候，头脑风暴也会沦为一种过场形式，一群人坐在一起争论不休半天，最后结束的时候却发现没有得出什么指导意见，散会后还是各干各的；或者一群人沉默地尴尬，主持人疲于调节气氛，大家说一些不痛不痒的观点，浪费半天的时间。产品设计师出身的谷歌风投合伙人杰克·纳普（Jake Knapp）是谷歌设计冲刺（Design Sprint）方法的提出者，他组织过非常多的头脑风暴，但是后来他在跟踪复盘自己组织过的头脑风暴的结果时，竟然发现没有任何一个全新的点子被真正用于产品而公之于世。那么，我们是不是要抛弃头脑风暴这种方法？当然不是，头脑风暴在正确的场景和方法下，依然非常有用（详见后文的拓展阅读）。

（3）利用有效的集体智慧——头脑写作。

"头脑写作"（Brainwriting）也是一种非常有效的催生点子的方法，如图2.6所示。与头脑风暴不同，在这个过程中参与者不被允许交谈，而是把自己的想法写在便利贴上，然后交给主持人，放到桌子中间或贴到白板上，让大家都看到，并对其进行评价和讨论。头脑写作甚至比头脑风暴更加有效，首先因为头脑写作是个人沉浸思考后的结果，相比头脑风暴，更加深思熟虑一些。其次头脑写作给每个人的发声机会均等，可以让一些内向的成员的声音被听到，而且头脑写作是匿名的，无须鼓励就可以让大家放开表达想法，在后面的反馈环节也更加"对事不对人"。另外，头脑写作方法更简单，几乎不需要热身破冰等环节，对于人数较多的情况，更加方便实操。

头脑写作需要的材料也很易得，便利贴和记号笔就可以了，注意给参与者提供较粗的记号笔（但别太粗），而不是圆珠笔、铅笔，较粗的笔可以强迫参与者用较为简洁的话描述自己的想法，抓住重点，不会陷入过多的细节中。

图 2.6　头脑写作（图片来源自网络）

（4）学会提反馈可以催生更多创意。

本小节开头提到建立"Yes"的团队文化，正向反馈就是其中重要的一环。提反馈建议是一件非常讲究艺术的事情，而往往在职场和生活中，不少人总倾向于用批评他人来显示自己的"博学多才"，或者有些人总用"直率"对自己低下的沟通能力进行伪装。其实，反馈这种对话形式会让意见接受方本能地处于防御状态，所以提反馈的方式会对意见的价值和接纳程度都产生重要影响。

头脑风暴中的两个原则"推迟评判"和"在他人的想法上创造"可以运用到一切需要给出反馈的地方。推迟评判可以让我们更注重倾听，放下自己的"ego"；在他人的想法上创造则让我们更加积极地对待别人的想法。

特别要注意避免给出"我不喜欢这个概念"和"我不会这样使用"的无效反馈，这种贬低既没有信息量，又很容易引起矛盾，而且对产品的推进和团队建设都是一种伤害。当你有不认同的地方时，可以尝试用提问的方式给出反馈，例如你认为把推荐 banner 放到页面中间位置并不合理，不要直接说"这个 banner 设计的位置有问题"，可以说"这次的推荐活动是我们目前重点推进的用户增长活动，把 banner 放到这个靠后的位置有什么原因吗？"可能设计者确实有其道理，这也许是他结合产品的实际情况给出的当前阶段的最优解；或者设计者在解释的过程中就会意识到其实自己这个设计并不合理，自然而然就接纳了建议。把提建议改为提问，就会更加易于被接受，也可以给他人指明迭代的思路。当然，如果你有更好的解决方法，也不妨直接提出来，依旧可以用提问的方式："你尝试过这么做吗……？"这同样是一个很好的方式。

（5）对好点子及时记录，并进行跟踪和复盘。

吴军博士在《全球科技通史》里写道："记录和传播知识对于文明的重要性可能不亚于创造知识本身。"对于我们的点子来说，也是同样的道理。好的点子应当被及时记录，可以通过在开发管理软件中记录任务、整理会议纪要等方式实现，最好指派一个人负责记录并跟踪，不断完善工作流程。

拓展阅读
如何有效利用头脑风暴？

● 想要解决的问题不大也不小的时候适合用头脑风暴。

不是所有的问题都值得让跨部门的人坐在一起商讨一番，如图 2.7 所示，话题过大或过小都不适合使用头脑风暴。话题过大，就像杰克·纳普提到的很多头脑风暴中的新点子没有被用到一样，想靠头脑风暴产生全新的产品点子，几乎是不可能的（不过也会给我们以启发，不能说完全没用），但是如果我们将头脑风暴转化成对点子的可行性讨论，可行性会好得多，也会比一个人去验证更加有效率，或者把一个大的话题拆解成相对可控的小话题，也会更具实操性；如果话题过小，召集太多跨部门的人开会就变成了一种资源浪费和大企业病。过度强调跨部门参与并不是遵循了敏捷设计，而是陷入了一种流程的冗余。

图 2.7　头脑风暴（photo by Leon on Unsplash）

什么样的问题颗粒度适合我们进行头脑风暴呢？拆解产品功能价值的讨论适合；针对某项功能的讨论适合；对设计方案进行评审适合……总之需要有具体讨论范围的限定，如 Jobs-to-be-done、5W1H、HWW 等。

有明确的问题边界也会提高头脑风暴的效率，否则头脑风暴很容易在七嘴八舌中偏航。

● 让参会者提前准备可以让集体讨论更有效率。

在头脑风暴开始之前，主持人应当把相关背景资料和头脑风暴的目标以书面形式发给参与者，最好再对希望大家准备的内容有明确的要求，甚至可以先让参与者提前做些小作业。例如："4 月 15 日头脑风暴的主题是：针对用户下单优惠返现流程的现状分析和改进方向。"给产品组的作业可以是"产品层面的竞品分析，不少于五个竞品"；给市场部的作业可以是"市场层面的竞品分析，不少于五个"；给运营同事的作业可以是"基于现有流程的优惠活动的转化分析进行展示"……总之，预先的准备工作可以大大提升头脑风暴的效率，因为点子不是凭空来的，而是基于大量的研究、假设和验证的。在快速的工作节奏中，把各个岗位的人召集到一起开会本身就不是一件轻松的事情，让大家基于已有的研究基础进行再创造，效率就会提升不少。当然，每个人都有自己的工作要忙，对于非重点项目，或者对于其他参与者来说非工作重点的会议，让他们事先额外准备作业不现实，但是底线是在会议前要明确会议目标，让参与者心中有数。

● 使用恰当的材料可以更好地帮助集体智慧的大脑活动。

恰当的材料可以有效地辅助我们利用集体智慧解决问题，如图 2.8 所示。人类的短时抽象记忆并不好，但是我们擅长空间记忆。贴满各种便利贴、图表、打印资料的空间，可以让我们很好地利用空间记忆。知名设计咨询公司 IDEO 的 CEO 蒂姆·布朗说："（这些材料可以）帮助我们进行模式识别，并促进更多创新结合体出现，这是当资源隐藏分散在各种文件夹、笔记本和幻灯片里时难以实现的。[①]"不光如此，现在的会议中，经常是人手一台笔记本电脑，大家在会议过程中敲敲打打，很容易走神不专注，而物理空间中的实际材料，可以帮助我们的思维更加专注。

当下，很多协作是基于远程的，未来也会越来越多，我们可以利用线上头脑风暴协作工具，例如 miro、RealtimeBoard 等。在线会议的主持人也应当鼓励参与者都打开摄像头，提升参与度。

图 2.8　运用恰当的材料进行头脑风暴（photo by Felipe Furtado on Unsplash）

---

① 《IDEO, 设计改变一切》（*Change by Design*），[英] 蒂姆·布朗（Tim Brown）著，浙江教育出版社。

● 人人参与，让思维热身。

你可以在网上找到很多头脑风暴热身的方法，如"声音球""双手作画""是的，并且……"等，还有很多小游戏。这里介绍一个我比较推崇的"30圈破冰练习（30 Circles Challenge）"，如图2.9所示，这个方法最初由IDEO提出。在头脑风暴前，让参与者在30个圆圈里画画，越多越好，数量多的人取胜。这个创意小游戏可以让大家快速进入头脑风暴的预热状态，尤其是当有不少非设计师的团队成员参加时，这个热身更能鼓励大家找到写写画画的感觉，大家的一些"抽象"画作也非常具有趣味性。

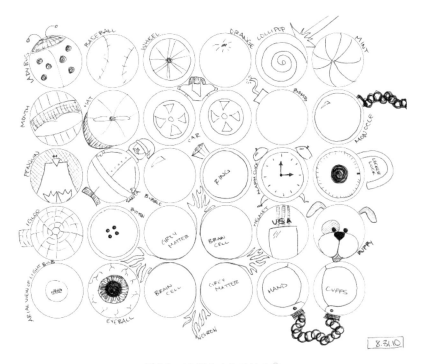

图2.9　30圈破冰练习例子[1]

● 遵循头脑风暴原则（Osborn's rules）。

艾利克斯·奥斯本（Alex Osborn）是头脑风暴方法的先驱者，曾是广告行业高管的他，发现员工们总苦于想不出有创意的点子，为了激发灵感、倾

————————

① 图片来源：clubexperience网站。

听他人声音、结合各方的想法，他基于实践经验总结出了头脑风暴的原则，后来被广为采纳：

- ○ 延迟批判；

- ○ 对疯狂和非常规的观点抱以开放心态；

- ○ 注重数量；

- ○ 在他人的点子上继续创造。

● 警惕"雄辩者赢"。

头脑风暴重点要避免什么情况？特别要警惕"雄辩者赢"的现象，做产品不是做营销，不是说服用户，而是要让用户自然而然地使用和爱上产品。营销大师凯文·艾伦（Kevin Allen）在他的著作《故事思维》里提到品牌提案要效仿律师说话的方式，"提出论点，创造一个坚定无比的定理，合理支持你找出的隐藏诉求"。这个思路用在内部晋升会上还不错，但不可以用在产品设计中。在产品设计讨论会里也会发生"雄辩者"占了上风的现象，这恰恰是我们要避免的，因为主观强加的逻辑联系，即使是看起来非常合理，也会使设计者陷入自恋的主观臆判，使设计听起来合理但是实际却不现实，只能感动自己，不能感动用户。

 小结

鼓励更多的创新点子，比推崇"正确"的点子更有效。鼓励更多的想法有如下方法：

1. 建立"Yes"的团队文化；

2. 有效利用头脑风暴；

3. 有效运用集体智慧——头脑写作；

4. 学会提反馈可以催生更多创意；

5. 对好点子及时记录，并进行跟踪和复盘。

■ 最小可行产品快速验证

最小可行产品（Minimum Viable Product，MVP）是在敏捷设计中很常用的方法，对于 MVP 的定义可能是多元的，但是共同点是：

● 它是产品最快可发布的状态；

● 它是可以投入使用的最简功能；

● 它可以满足客户／用户的最基本和最核心的需求。

可用甜甜圈类比产品的不同阶段，如图 2.10 所示。

原型
Prototype

最小可行产品
MVP

产品
Product

图 2.10　用甜甜圈类比产品的不同阶段

我们利用 MVP 对用户市场进行试探，以最小的代价验证哪些功能值得投入精力，尽可能地优化有限的开发资源。打造原型产品可能是我们在整个产品设计研发过程中花费时间最多的地方，原型可以让我们：

● 更好地沟通：一张图胜过千言万语，包括团队内部沟通，也包括和用户沟通，尤其是在进行产品测试的时候；

● 尽早且成本低地失败：MVP 可以让我们尽早验证想法，发现问题并尽早掉头，降低风险；

● 测试更多的可能性：低成本地提供更多可能的解决方案；

● 把大挑战拆解成小问题，更加可控。

　　打造产品的首要步骤是创建原型。创建原型必须要行动起来，千万不要想这个原型是完美的，也不要使其只存在于想法和文字描述中。不管是在纸上画还是制作纸原型，有切实可感知的产品和在脑海里想象都是完全不同的。不用担心原型简陋，低保真原型也可以有非常好的效果，低保真原型（例如可交互的线框图，如图2.11所示）没有颜色，只有功能，更加适合在团队内部或与有专业能力的人沟通。低保真原型可以让我们更加专注于功能本身而不是被设计细节所干扰，如果拿给用户进行测试，更可以让用户关注使用流程，对于执行任务中的重大障碍有更高的显性，对于核心操作的位置大小等因素进行评估更方便，而且低保真原型制作周期短、成本低，即使对于制作高保真原型也相对轻松的资深用户体验设计师来说，低保真原型也是非常具有意义的。我甚至建议用户界面相关的原型设计，都应该从灰度的线框图开始，这样可以无形中限制我们在视觉上所花费的时间，专注于功能价值和流程本身。

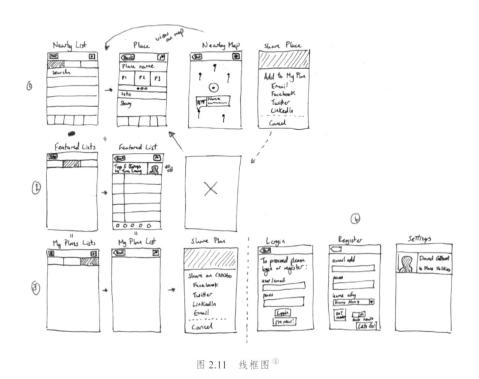

图 2.11　线框图 [1]

① 图片来源：g2 网站。

当然，高保真原型的可感知度会更强，尤其对于设计语言体系已经建立的产品来说，高保真原型的设计门槛已经大大降低。原型不一定需要开发，甚至到用户测试阶段也不需要开发，Figma、Invision 甚至 Keynote 都可以制作非常逼真的可交互原型。可交互的原型在获取一手用户反馈时非常好用，尤其对于非专业人士，当我拿可交互原型给客户使用的时候，效果往往比平面设计稿件好非常多，使人眼前一亮之余，也会使前期使用感更加沉浸，设计反馈也更加准确，如图 2.12 所示。

图 2.12　可交互的纸原型①

对于服务类的原型设计，则会加入桌面演练（Desktop Walkthrough）、预演调查（Investigative Rehearsal）等方法。

桌面演练就像一个可交互的小型剧场，如图 2.13 所示。它可以把端到端的客户体验流程展示出来，是服务设计中非常典型的方法。比起平面的用户旅程地图，桌面演练迭代的成本更小，有了新设计方案还可以直接在之前已经布置好的场景中继续进行排演。

---

① 图片来源：sitepoint 网站。

图 2.13　桌面演练[1]

　　进行桌面演练需要先搭建一个表演的微缩舞台，通常用纸板或者乐高作为材料进行搭建，但是桌面演练最重要的不是"桌面"，而是"演练"，即按体验步骤将交互流程"表演"出来。在进行演练之前，需要先草拟好场景和脚本，刚开始不需要是一个非常完整的客户体验流程，可以是其中的一环。首先你需要确定这次的用户角色是谁，场景是什么，然后你可以用即时贴写下几个关键节点，再按照流线或者时间顺序对其排序，循环几次，不断完善流程。之后再在团队内分配角色，往往需要多个团队成员配合完成演练。做好准备工作之后，就可以尽快开始演练了。第一次演练需要将所有的预先设定好的交互过程一步步地展现出来，包括演员之间的对话、与设备之间的交互等。演练过程中将遇到的障碍和感想洞见都列好清单，确认好变量并迭代，优化之后继续重复演练。最后，将最后一次的演练过程记录下来，包括用户旅程中的关键步骤和因素，待解决的问题等，以便指导下一步的设计工作。[2]

　　原型阶段常见的方法还有"快速原型"（Rapid Prototyping），它是通过故事板、角色扮演、实物模型等方式产出，但是最终目的都是制作一个可感知的产品以便测试。所以，不需要将过多时间花在这里，只要能够准确地传达想法就行。原型阶段是最需要快速迭代的一个阶段。

---

① 　图片来源：sidlaurea 网站。
② 　更加详细的方法指导可以参考《服务设计思维》（*This is Service Design Doing*）。

杰西・詹姆斯・加勒特（Jesse James Garrett）在《用户体验设计要素》一书中将用户体验设计要素分为策略层、范围层、结构层、框架层、表现层，将服务设计双钻模型与用户体验设计五要素结合，如图 2.14 所示，可以看出在构思后的阶段，设计变成一个收束过程，所以原型的制作一定要识别出变量进行优化，不能盲目提出一些没有任何关联的版本，因为那样很难横向比较设计反馈，指导下一步的工作。

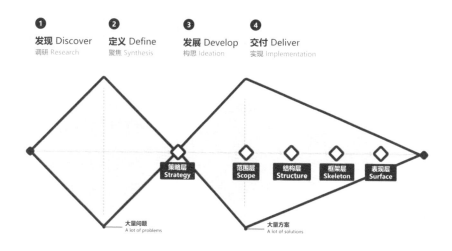

图 2.14　双钻模型

 小结

1. MVP 可以将产品研发的风险降低，突出主要矛盾，优化开发资源；

2. 从低保真原型到高保真原型，原型产品的打造可以有多种形式，如线框图、纸原型，重要的是快速行动并让用户测试；

3. 服务设计也可以采用多种打造原型的方法，要注意服务设计的优化也是一个快速迭代的过程；

4. 原型的制作需要识别变量进行优化，否则很难横向比较。

玩具设计的匠心和初心——对话MGA Entertainment 玩具设计师祁梦媛

受访嘉宾：祁梦媛，产品设计师 / 角色设计师 / 异能电台联合创始人，现生活和工作在美国加州，就职于玩具公司 MGA Entertainment，目前在 Little Tikes（小泰克）设计科技类玩具。她毕业于美国艺术中心设计学院①产品设计系和清华大学美术学院工业设计系，设计作品屡获国际大奖，包括德国 iF 设计奖、Spark 设计铂金奖，联合创办的异能电台获得美国 Spark 设计银奖和 Core77 设计杰出奖。

作为玩具设计师，主要负责设计与开发全新的玩具概念，参与玩具开发的全部流程，包括前期概念、角色设计、玩法设计、三维建模、对接工厂等。

她是玩具 Blume Dolls 的概念创作者，该作品获得 2019 年美国玩具大奖（TOTY Awards）入围奖和 NAPPA 美国国家亲子出版奖。2018 年创造的玩具概念 Pomises 当年在北美毛绒类玩具销量第一（NPD Group），并获得 2018 年美国玩具大奖（TOTY Awards）入围奖。她的玩具设计作品如图 2.15 所示。

笔者：玩具设计工作和协作流程是怎样的？

梦媛：玩具设计行业的产品发布流程其实很成熟，节奏非常快。每年在春季和秋季都要上新产品，很像时尚领域的春夏和秋冬发布会。作为设计师我们不仅要负责在秋季上市新产品，同时还要推敲未来春季的产品概念，双线并行。玩具发布会上有买家（例如亚马逊、沃尔玛等大型超市和经销商）听我们介绍新一年的产品，最终由他们选择是否售卖，如何打动这些买家，也是设计师的工作内容。

---

① 艺术中心设计学院，Art Center College of Design，该学院培养出了众多具备世界影响力的设计师和艺术家，包括宝马汽车首席设计师 Chris Bangle、前通用汽车全球设计副总裁 Jeff Teague、前诺基亚首席设计师 Frank Nuovo 和小米联合创始人刘德等。

图 2.15 　 祁梦媛的玩具设计作品

　　和以技术驱动的科技行业不同，玩具行业主要是市场驱动的，而且玩具的制造门槛不高，使用寿命也很短，所以玩具行业更新速度特别快。结合当前热门的产品，我们也会观察趋势和挖掘机会，从市场的角度预测下一年的方向。

　　电子产品的快速发展导致很多孩子从出生开始就接触电子设备，传统玩具渐渐不能激发他们的兴趣了。家长们也处在一个左右为难的境地，一边是不想让孩子模仿自己多数时间都面对电子设备；另一边也想满足孩子的使用需求。一些大品牌，像亚马逊就推出了专门针对儿童的电子产品 Fire Kids Tablet。儿童版与成人版电子产品的区别是儿童版功能上较单一，无法上网或被限制上网，内容上也有非常明显的区分。

　　智能玩具发展起来后，我所在的小组就会定期研究哪些产品有机会发展成儿童智能电子设备，并产出设计方案，再去向上级汇报。如果方案通过，就进入了设计研发阶段。此阶段，我们会经过好几轮的设计打样和调整，最后把设计方案的详细信息打包，包括产品的设计细节、功能、色彩和材料应用等，发给香港分公司，他们再去进行后续的生产落地。基本上美国现有的玩具都在中国制造生产，分公司拿到我们的需求之后去联系厂家将设计的结构或功能实现。在设计落地的过程中，设计师会和工厂频繁沟通，随时反馈，随时调整。

笔者：玩具设计会事先制定玩具的故事线吗？

梦媛：这个要根据玩具的性质和公司的策略来决定。有些玩具比较注重功能性，例如积木、骑行类的小自行车或者动手类玩具，即使不定义背景故事，体验上也没有太大影响。因为这类产品本身的可玩性和操作性才是第一位。

还有一些玩具，尤其是和角色相关的，例如可收集型时尚娃娃或者玩偶类，实际上是卖IP，有吸引人的背景故事做支撑是非常重要的，有不断推陈出新的故事，才有不断更新的玩具产品。例如说迪斯尼的动画电影，在设计故事的时候就已经想到了之后玩具的潜力，包括最近要上映的电影 *PAW Patrol*（《汪汪队立大功》）也是典型的故事和玩具相辅相成的代表。

也有一些公司为了卖玩具而去制作动画短片，目的就是让小孩记住角色，为后续售卖周边做基础。例如我们公司之前做过的 Kingdom Builder，就是做动画片扩大其影响力，实际目的是去销售玩具产品。

笔者：设计师与市场、销售、供应链等部门是如何协作的？

梦媛：我所在的团队，每个项目都有产品设计师和工程师，设计师负责定义产品，工程师辅助完成功能，二者相互配合。

跟设计组协作频繁的部门有两个——市场部和包装部。在产品概念发展阶段，会讨论产品的定位和预算等问题，我们会咨询市场部的意见，参考他们的建议取舍一些功能，例如同等价位里，哪些功能特点在市场上是非常畅销的，最终由组内设计师决定保留还是删除。

设计部门在产品的开发中占主导地位，我们把产品做好，再交给市场部门，让他们去策划营销方案，同时包装部门也会根据这个产品的定义去做包装的方案，一切以产品为核心。

笔者：这种以设计师为决策核心的协作方式会有哪些优势？

梦媛：其中一个很明显的优势是设计师会从用户的角度来设计产品，考虑产品是否对用户友好。例如儿童的手掌用起来方不方便、儿童注意力能保持多久、产品特征能不能满足儿童的喜好、是否真的对儿童的成长有帮助等。设计师对消费者的需求会做全方位的思考。

笔者：怎样去收集评估用户的反馈？

梦媛：对于骑行类和动手类的产品，在设计阶段会让儿童来试玩，给到设计师一些反馈；也会让家长和孩子一起动手试玩，看看家长的感受，从他们的实际反应中抓取提升的需求点；我们也去看网上对产品的评论；还会购买同等价位的竞品，去分析他们具备的特点作为参考，再去丰富自身产品。

笔者：小朋友们有给你带来过没有预见到的新认知吗？

梦媛：有！其实小朋友们的耐心要比成年人好得多，成人打开网页两秒钟刷不出来就会变得暴躁。但小朋友们就很有耐心，他们并不觉得这些是产品 bug，因为这个阶段他们的好奇心大于一切，没有太多产品好坏的概念，只要产品画面会动、有声音又有趣，孩子们其实不在乎卡顿的问题，这是与成人非常不一样的地方。

笔者：玩具设计相对于其他品类的产品设计，你觉得挑战会是在哪里？

梦媛：对设计师的个人能力是种挑战，因为玩具项目节奏快且风格多样，需要在不同的品类间相互切换，也可能面对不同年龄段，甚至是性别群体的变化。如何去应用颜色和材质也很有挑战性，例如科技类产品偏好黑白灰，但玩具必须要有丰富的色彩。如果想做一个好玩具设计师，要对颜色有很强的敏感度。

还有一个挑战是，玩具不是一个以科技为主导的产品，它对于创新性的玩法更加注重，市面上已经有了无数的娃娃、小汽车，你设计的新玩具为什么存在？为什么别人要买你的新产品？它有哪些创新的特点以及玩法？这些都是设计师要面临的挑战。由于它们的加工制造不是很难，没有什么技术门槛，所以就更考验设计者的匠心。

笔者：你认为成功的玩具设计和产品设计应该具备什么样的特点？

梦媛：对儿童成长有帮助，启发他们的动手能力和创造力，或帮助他们的身体和心理同时成长，不管从哪个方向切入，这都是玩具应具备的真正价值。我很喜欢小泰克这个品牌，它的产品理念就是让儿童的智力和身体协调发展，这种有助于成长的玩具，我也会选择购买。

笔者：你觉得哪个玩具系列很成功？

梦媛：当然是乐高。它本身的结构很简单，却可以形成万事万物，小孩子通过它开发自己的创造力。我很喜欢有积木属性的玩具，它能帮助小孩开发智力、帮助身体与大脑的协调发展。现在市场上各式漂亮的娃娃已经过剩了，很多在我看来是消费陷阱。这不仅浪费资源，对小朋友的成长也没有起到太大帮助。

笔者：对想从事玩具设计的后辈有什么职业建议呢？

梦媛：如果真的想做玩具设计的话，除了设计专业，还可以学一些儿童发展心理学，不要只局限在设计的小圈子里。见得越多，才能越容易触类旁通、举一反三。

作为设计师，如果你不喜欢很冷冰冰的、极简的产品也是可以的，一定要坚持你自己喜欢的事物，以兴趣为驱动的职业才能帮助你走得更远。我上学时有过这个困惑，而且也煎熬了一段时间，特别为大家分享出来。因为我特别喜欢可爱的、颜色丰富的产品，而现实课业要求产出的都是极简主义的冷酷产品，所以我曾经非常矛盾和煎熬。但走出学校后，我发现没有什么事情是一定被束缚框死的，找对机会，你可以同时保留两种特质。

现在的产品设计同质化很严重，很多都是酷酷的造型或者炫技的渲染。我想提醒大家的是，产品设计不是只关乎画图、建模渲染这些能力，技能只是一部分。我希望大家能够去体验整个设计流程和产品的研发流程，特别是从用户调研的角度，从调研当中得到宝贵的洞见，了解用户的真正需求，我觉得这才是真正驱动设计师能做出好产品的核心要领。你可以花很多时间去准备技巧类的技能，它确实会帮助你找到一份不错的工作，但当你真的想做出一款有意义的设计时，还是要回归用户。

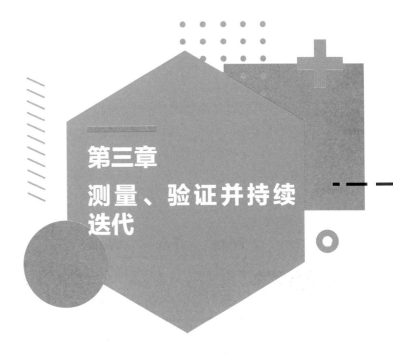

第三章

测量、验证并持续迭代

如何引导高效的产品迭代?

Scrum 工作流和 OKR 是如何帮助我们高效工作的?

产品的可用性如何衡量?

数据分析是万能的吗?

用户反馈应该如何影响我们的设计?

■ 敏捷设计开发工作流

亚马逊的创始人和 CEO 杰夫·贝索斯说："在以前，你花 70% 的时间建造一个产品，花 30% 的时间验证它，现在则反过来。"技术的进步让产品的创造和测试成本前所未有地降低，也对我们的敏捷性提出了更高的要求。

如何引导高效的产品迭代？谷歌风投（Google Ventures）提出了一个 5 天完成产品迭代的工作方法，即"设计冲刺"，它是一种通过 5 天的时间集中资源与精力，快速却相对完整地迭代完成产品原型、测试并投入使用的高效的产品迭代工作流方法。在确定正确的挑战、组建团队、确定好时间地点后，经过以下步骤，最终生产出可投向市场的产品，如图 3.1 所示。

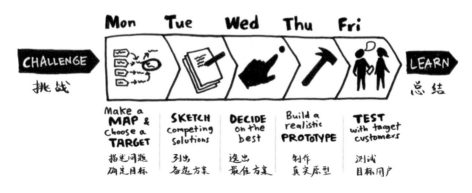

图 3.1　产品设计冲刺流程

星期一：拆包，从结果出发，绘制设计冲刺问题地图，请教专家，选择目标。

星期二：每个人都贡献点子，重组、改进和草拟方案。

星期三：决策日，无须集体讨论，选出最佳方案，画出故事板，制订建模计划。

星期四：完成原型产品。

星期五：用小型数据进行用户测试，改进产品并将其推向市场。①

在《设计冲刺》这本书中，案例基本是相对完整的产品创造，但是产品迭代无论大小，都可以用到设计冲刺的一些核心方法。我非常喜欢"设计冲刺"这个概念，它可以促使我们专注于真正重要的产品开发工作中去。

如何引导一个高效的设计项目？除了合理运用一系列产品设计方法，基于我的经验，以下 5 条团队协作原则也可以大大优化资源、减少团队摩擦。

（1）设定清晰的目标，对齐商业价值。

这次的迭代面向的用户是谁？为什么要进行迭代？如何衡量成果？希望产生什么样的商业价值？目标是产品迭代的指南针，即使头脑风暴时会有许多点子产生，也不会因为一些点子可以解决其他问题而偏航，而是专注于预先设定好的目标，其他的问题留待下一个计划解决。同时，对希望实现的产品指标有预先判断。

（2）优先解决重要的事情而不是紧急的事情。

让重要的事情成为工作和生活的重心，而不是紧急的事情。这句话听着简单，做起来却不容易。亚马逊的创始人贝索斯就多次强调，亚马逊的文化是从长远考虑问题，每个人不能只看到未来两三年，而是从未来五到七年的时间跨度去看问题。当有人来恭喜他这个季度的表现很不错时，他心里想的是这已经是三年前就奠定好的了，这也是为什么最开始一个卖书的网站叫 Amazon，而不是 onlinebookstore 之类。后来亚马逊发展成了一个全品类电商平台，甚至在 2006 年就成立了 AWS，布局云计算领域，成为云计算全球市场份额第一的企业②。

而实际上，大部分人别说从两到三年的时间去思考问题和分配精力，能专注到未来两到三个月就不错了，尤其是面对未来还非常不确定的创业公司或者创新产品。然而，不论未来如何不确定，一个伟大的创新产品必然是立足于未来的产品，我们强调以用户为中心，可以加一句是以对用户重要的长远需求为中心，不要让

---

① 《设计冲刺——谷歌风投如何 5 天完成产品迭代》（*Design Sprint-How to Solve Big Problems and Test New Ideas in Just Five Days*），［美］杰克·纳普（John Knapp），［美］约翰·泽拉茨基（John Zeratsky），［美］布拉登·科维茨（Braden Kowitz）著，其中有不少实践的案例，很值一读。

② 数据来源于科技研究和顾问机构 Gartner 在 2020 年 8 月发布的《2019 年全球公有云 IaaS 和 PaaS 市场份额报告》，AWS 的市场份额为 45%，超过第二、第三、第四、第五名的总和（34.3%）。

铺天盖地的紧急需求淹没了自己。

那么可能有人会说，紧急的事情之所以叫紧急的事情，那确实是因为它们亟待解决，难道人们就放着不管吗？这就涉及精力和资源分配的问题了，当人们把重要的事情和紧急的事情摊在桌面上列出，会发现把紧急的事情都全解决完可能就会占据人们全部的时间了，也会占用一个公司大量的资源，所以不论是对于我们单独的个人还是整个公司，都需要先将重要的事情划分出来，优先投入时间和资源，这些时间和资源不能被占用或偏航，剩下的时间和资源再去做日常的紧急事务。

高效的产品迭代要求我们排除不那么相关的细枝末节，专注在能够改善核心用户体验、提供核心用户价值的部分，参考二八定律，将我们的精力放在那些更重要的20%的事情上，产出会更有价值。我们要做的重要工作就是识别出这20%，并为此付出努力。

（3）了解团队内部的利益相关者地图。

我们常常提到针对一个产品、项目或服务的利益相关者地图，但其实在一个产品迭代项目中，团队内部的利益相关者地图也同样影响着这个项目能否顺利推进，如图3.2所示。我们强调每个人都从公司高度、业务视角、用户价值去看待工作，但是实际上并不是每个人都可以用这样的高度去指导自己的思考和行为，否则每个员工都能成为CEO了。既不能要求每个人都从宏观战略视角指导自己的行为，又不能指望大家无私奉献，那么为什么大家要对某个项目拼尽全力呢？尤其是那些尚未确定反响的尝试性项目（而往往正是这些不确定的项目产生了革命性的创新），在这种情况下，了解每个人工作中的诉求就很重要。

团队新人一般会对任务更积极，所以暂且不谈。难点是如何激励资深的团队成员，资深的团队成员已经在公司站稳脚跟，有不错的收入和职位，他们的诉求是做出业绩，寻求进一步的晋升。往往资深成员对突破业绩的表现更加渴求，因为越往上升级越难，他们也非常在乎自己的口碑和时间，搞砸了，对他们的时间精力成本影响更大，所以更要让资深的团队成员理解产品迭代的价值，否则心不在焉地搞项目只能以失败告终。

图 3.2　利益相关者影响力模型 [1]

整个产品迭代的过程又牵涉不同的部门通力合作，设计师追求用户体验；程序员追求系统效率和稳定；销售人员追求销售额的增加；市场运营追求市场数字的增长。每一次产品迭代和每一个部门都相关，想要让各部门都协同行动起来，需要清楚每个部门的诉求或者 KPI，让他们感受到这次的产品迭代与他们的直接关系。

（4）从线性设计变为协作设计。

不应该只是由产品经理在制定产品需求！不应该只有设计师在做设计！也不应该只有程序员决定产品的实现方法！用户体验设计本身就不只是 UI 设计师设计界面这么简单，销售、客服、售后、市场等环节都是用户体验的一部分。敏捷的用户体验设计应当尽早地让团队成员进行对话，而且是越早越好，产品经理和团队成员可以尽早地对齐需求目标；设计师可以尽早地和程序员确认实现可行性以调整设计方案；程序员可以尽早地了解设计意图以优化技术方案；商业分析师、销售人员、客服人员等都可以参与到讨论中来，形成一个"工作室"的设计模式。

由于组织架构的发展，越来越多的设计方案评审真的变成了最终的审判。如果能在低保真的框架阶段就引入各方意见，产品设计开发其实会少走不少弯路，所以让更多不同职能的人参与进来，这并不会浪费时间，因为这种协作式设计方

---

① 改绘自 Mendelow, A.L. (1981). 'Environmental Scanning-The Impact of the Stakeholder Concept', ICIS 1981 Proceedings, 20.

式会让产品开发过程更专注于产生价值本身，并催生效率。如果团队是为客户在设计和研发，也请将客户引入这个流程中来。

在人数上，5~8 人可以组成一个敏捷的工作室模式，既能够代表各方意见，又不至于人数过多导致效率降低。

（5）拒绝摸鱼，每个成员都要行动。

设计冲刺中的产品迭代项目就像是一个全速运转的机器，团队成员们是零部件，组成了这个机器的整体，一两个摸鱼的成员就是坏掉的零部件，在全功率运行的机器中出问题很可能对整个机器造成致命性伤害。

首先，摸鱼的成员会破坏整个项目氛围，会议中开小差、玩手机或是处理别的项目，都使整个进展速度降低，影响到其他希望专注的成员，从而导致项目的失败。当我在集体会议中发现有成员在噼里啪啦地敲字做自己的事情时，就会询问是否有紧急的事务，如果非解决不可，可以先去解决再返回会议，别高估自己的能力，没有人能三心二意还把事情做好。希望所有的集体会议都对所有参会者有意义，同时希望所有的参会者可以专注在会议上。

另外，《论语》有云："不患寡而患不均"，追求公平是人类社会永恒的主题，没有一个项目是靠一己之力完成的，那么谁应该享有团队成果？摸鱼的团队成员会造成努力付出的团队成员心理失衡，影响团队文化，让团队成员的精力被"这是谁的功劳"占据，助长不良风气。

那么怎么样拒绝摸鱼呢？产品迭代项目的决策者和组织者首先要会识别摸鱼的成员，早站会汇报、周报小结等都是评审团队工作量和阶段成果的常用方法。也要注意鼓励相对内向的成员发言，在产品迭代中，不是谁更加雄辩谁的观点就正确，谁的功劳就大，回归用户体验本质和数据考量才是正确衡量团队成员付出的方法。

另外，项目领导需要洞悉为什么这个人在偷懒，他是对项目目标不认同，还是已有的工作量过重，无法专注在这个项目上，还是工作方法有问题。单独和他 / 她开诚布公地聊聊，会非常有帮助，如果他 / 她确实无法胜任，及时调离团队才是止损的办法。

如果很不巧，你不是团队的领导，与你平级的团队成员正在摸鱼，平级间的对话也没有起到什么效果，向上反馈也遇到阻力，或是如果方式不当向上反馈又像在打小报告，应该怎么办？这个时候更应该强调任务的归属（Ownership），明确权责，也就明确了成果的归属。

这里再介绍两种项目和团队管理的工作方法：

● 敏捷项目管理工作流——Scrum。

● 激发潜能的目标管理方法——OKR。

拓展阅读
敏捷项目管理工作流——Scrum

Scrum 并不是什么缩写，而是源于棒球术语，是软件开发领域常见的工作框架，后来也被用在市场、销售、研究和其他技术领域。Scrum 的特点是轻量、渐进迭代、递增自适应、增加产品开发的可预见性并控制风险，Scrum工作流如图 3.3 所示。

图 3.3　Scrum 工作流[①]

Scrum 并没有完整的详细使用说明，不是墨守成规的一套流程，而是基于精益思维指导工作关系，让一群有专业技能的人员一起创造有价值的工作。

---

① 图片来源：Scrum 中文网。

本书会以更易理解的方式对 Scrum 的项目管理框架进行阐述，所以和 Scrum 官方网站的直译略有出入，特此说明。

因为纯中文的 Scrum 方法资料翻译多种多样，为了行文流畅，先统一后文涉及的英文和中文的对照，以免产生理解的偏差。

Product Owner: 产品负责人

Scrum Master: 教练

Developers: 开发人员

Product Backlog: 产品任务（可以理解为待处理的工作）

Sprint Backlog: 冲刺任务

Increment: 增量

Definition of Done: 完成的标准

Daily Standup Meeting: 每日站会

Burn-Downs: 燃尽图

Burn-Ups: 燃起图

Cumulative Flows: 累积流图

1. Scrum 团队角色分工

Scrum 团队规模较小，通常是 10 人以内，没有层级或子团队，具备强凝聚力，一次只专注于一个目标。团队由以下角色组成。

（1）产品负责人。

对冲刺最终负责，将团队工作产生的价值最大化，对产品任务进行有效管理，类似于产品经理。

（2）教练。

帮助建立和维护 Scrum 的规则，可以服务于团队、产品负责人和更大范围的组织，类似于更高层级的产品经理或者项目经理。

（3）开发人员。

所需要的技能很宽泛，会随着不同的工作领域而变化，可以是程序开发人员、测试人员、设计师，他们是为目标最终做落地实施的人。开发人员要负责以下内容：

①为冲刺创建计划，即冲刺任务；

②遵循完成标准、保证完成质量；

③每天根据目标调整计划；

④作为专业人士对彼此负责。

2. Scrum 的工作流程

Scrum 的核心流程是冲刺，包括了后面的 4 个事件，是创意转化为价值的环节。

冲刺有固定的时长，为期一个月或更短。一个冲刺结束后，下一个冲刺紧接着开始。在冲刺期间，不能做出危及冲刺目标的改变，进入开发后需求封闭，不能随意变更需求或者降低质量，产品任务按需优化，可以和产品负责人就范围加以澄清和重新协商。

预测进展也就是我们说的排期，可以用多种方法，例如燃尽图、燃起图或累积流图，但是经验仍然是不可替代的。

因为产品负责人对冲刺最终负责，所以如果产品负责人判断目标已经过时或无效，则有权利取消冲刺。

（1）冲刺计划会议。

启动冲刺的环节，这个计划是由整个 Scrum 团队协作创建的。这个会议本身也有时间限制，一个月的 Sprint 会议时长最多为 8 小时，对于更短的冲刺，会议所需时间通常会更短。

冲刺计划会议需要处理以下话题：

话题一：为什么这次冲刺有价值？

产品负责人提议如何在当前的冲刺中增加产品的价值和效用。然后，整个团队将共同制订一个冲刺目标，用以沟通当前冲刺为什么对利益相关者有价值，必须在会议结束之前最终确定冲刺目标。

话题二：这次冲刺能完成什么？

通过与产品负责人讨论，开发者从产品任务中选择一些条目，放入当前冲刺中。团队可以在此过程中精细化这些条目，从而增加理解和信心。选择在冲刺中可以完成多少任务可能会有挑战，但是，开发者对他们以往的表现，对他们在即将到来的冲刺内的产能以及对他们要完成的标准版了解得越多，他们对冲刺预测就越有信心。

话题三：如何完成所选的工作？

对于每个选定的产品任务条目，开发者都需要规划必要的工作，以便创建符合目标的增量，将产品任务条目分解为一天或更短的较小条目来逐步完成整个工作。开发者需自行决定以何种方式完成这些工作。

（2）日会。

日会不超过 15 分钟，由开发者们参与，主要是为了查看进展，并根据需要调整产品任务。如果产品负责人或教练也在积极处理条目，也可以作为开发者加入日会，这主要是让开发者对于完成条目本身具备更强的自主性，也可以节省另外两个角色的时间。

（3）冲刺评审会议。

评审会议的目的是查看冲刺的成果，团队向利益相关者展示工作结果，并讨论目标的进展情况。评审内容是这次冲刺完成了什么，以及环境发生了什么变化。评审会议也有时间限制，一般来说，为期一个月的冲刺的评审会议时长为 4 个小时，更短的冲刺所需的时间更少。

（4）冲刺回顾会议。

回顾会议更像是复盘会，是一个冲刺的结束。在这个会议里，团队成员检视个体、交互、过程、工具和目标的情况，哪些进展顺利，哪些受到阻碍以及为什么。在回顾会议中，最有用的实践应当被运用到下一个冲刺中。一般来说，为期一个月的冲刺的回顾会议时长为 3 个小时，更短的冲刺所需的时间更少。

3. Scrum 的支柱原则

（1）透明性。

Scrum 的优势就是精益设计、敏捷开发、降低风险，而过程的透明和可视性对降低风险至关重要。透明也使另外一个支柱——检视成为可能。

（2）检视。

Scrum 中的任务和实现商定目标的进展必须经常被检视，以便发现潜在的不良的差异或问题。Scrum 的过程中的事件（冲刺、计划会议、日会、评审会议、回顾会议）正为检视提供了稳定的节奏。

检视使另外一个支柱——适应成为可能。没有适应的检视是毫无意义的，Scrum 事件旨在激发改变。

（3）适应。

如果过程中任何方面超出可接受的范围或所完成的产品不可接受，就必须对当下的过程或过程处理的内容加以调整。调整工作必须尽快执行，以便让偏差降到最小。为了让适应推进下去，相关人员应该有自我管理的权限。

4. 5 个价值观

（1）承诺：团队致力于目标并相互支持；

（2）专注：把心思和能力都用到承诺的工作上去；

（3）开放：对工作和挑战持开放态度；

（4）尊重：相信每个人都有他独特的背景和经验；

（5）勇气：有勇气做正确的事并处理棘手的问题。

Scrum方法简单易行，有明确的时间节点和成果预期，对小步快跑的科技产品的研发尤其是软件开发非常有效，大大降低大型研发项目的风险；Scrum团队对自己的结果负责，自主掌控工作方式，还能提升团队的主观能动性；Scrum还解决了一个在互联网公司常有的矛盾，就是临时加需求打乱开发进度，导致管理混乱、影响士气、项目延期，因为在一个冲刺的流程中，需求是封闭的，完成了当前的任务才会进行下一个。不断地查看进度、反思和回顾，也让任务本身变得更具意义、团队成长速度更快。

 小 结

1. 引导高效的产品迭代，需要做到以下几点：

（1）设定清晰的目标，对齐商业价值；

（2）优先解决重要的事情，而非紧急的事情；

（3）了解内部的利益相关者地图；

（4）拒绝摸鱼，每个成员都要行动。

2. Scrum工作流告诉我们紧密的小团队可以高效地工作、产出有效的成果，并对产品负责。

如果你无法测量它，你就无法管理它

测试是通向了解用户和解决方案的必经之路，通过测试，我们不断完善设计原型和解决方案，更好地为用户服务，并持续验证我们产品路线是否正确，所以有效及时地测试可以大大降低产品开发的风险。对于已经发布的产品来说，测试也会是一段新的迭代的开始。测试驱动开发的方法（Test-Driven Development）更是要求在编写功能代码前先编写测试代码。

至于什么时候进行测试？要记住，不论是多简单的测试手段，都可以随时运用，因为给产品打分不是目的，我们的最终目标是提升产品质量，做出用户满意的产品。

测试分为很多种，也有专门的测试部门对产品性能进行检测，对于用户体验来说，更有意义的是针对用户体验的可用性测试（Usability Evaluation）。不能将产品可用性等同于产品易用性，产品可用性有三个维度：有效性（Effectiveness）、效率性（Efficiency）、满意度（Satisfaction）。

有效性是基础，指用户能够在产品中完成相应的目标，即实现产品功能；

效率性是进阶，指用户能够通过最短路径完成产品功能；

满意度是高阶，指用户在使用产品过程中的愉悦程度，如产品的界面设计是否美观、页面响应速度是否迅速，满意度是最能体现产品个性、增加用户留存的维度。

和对学习成果的检验一样，评价方式可以分为总结性评价和形成性评价。总结性评价，例如高考，是一次性对一段时间的学习成果进行检验，目标更着重于打分和给出选择；而形成评价，例如月考小测验，则是以提升学习能力为目的，是阶段性的总结。总结性评价应用到可用性评价中对应的专家评审或性能测试，就像是摸底考试和期末考试，会在设计前和设计完成后使用；而形成性评价则对应的是发声思考法或启发式评估等，会在整个设计和测试过程中多次使用。对于产品开发来说，两种方法都可以使用，但是形成性评价对产品设计开发本身会更有意义，因为和提高成绩的初衷一样，我们的产品测试本身也是为了提升产品质量，而不是给产品一个盖棺定论。[①]

启发式评估（Heuristic Evaluation）是业界广泛采用的评估方法，它的 10 条标准可能对许多专业人士来说不算陌生，但是用好启发式评估却不简单。首先，先来理解一下"启发"——Heuristic 这个词，这个词来源于希腊语，本意是"找到"或"发现"的意思，引申后指的是为了解决问题、学习或发现解决方案的，基于经验的技术方法。这种技术方法不保证是最佳的解决方案，但是足够解决一系列目标问题。经验法则、常识判断、基于印象归类等方法都属于启发式方法。

专家评价基于经验，但是每个人的经验和理解不同，就可能出现多样的评价标准，所以在进行多位专家评价前，应该先统一产品评价准则，再进行测试，这样才能横向比较。"启发式评估"的 10 条原则就是在互联网产品兴起、多种多样的评价准则产生时诞生的，由可用性评估专家雅各布·尼尔森（Jakob Nielsen）和罗尔夫·莫里奇（Rolf Molich）基于多年的咨询和教学经验提出，是人机交互领域最常见的针对可用性的评价标准之一。

启发式评估的标准如下：

（1）系统状态的可见性（Visibility of system status）。

系统必须及时、准确、合适地将当前的状态反馈给用户，让用户知道目前正在进行的任务以及其进展，如图 3.4 所示。

（2）系统和现实的协调（Match between system and the real world）。

系统的用语、图形界面设计和展示方式应当和现实世界匹配，用语要日常，避免专业晦涩的词语，图形界面设计要映射现实世界，例如设计一个垃圾箱功能，

---

① 《用户体验与可用性测试》，[日] 樽本彻也著，陈啸译，人民邮电出版社。

图标是一个电话亭形状就显然不合适，如图3.5所示。

下载 　　　　　 🗁 🔍 ⋯ 📌

WeChatSetup.exe

845 KB/s - 60.8 MB/130 MB，剩余 1 分钟

查看更多

图 3.4　系统状态可见性

图 3.5　Mac OS 图标设计——系统和现实的协调

（3）用户操控与自由（User control and freedom）。

是用户在操控计算机而不是计算机在操控用户，所以绝大多数时候，用户都可以选择取消、返回、暂停、退出、跳过、还原等操作，让自己可以从错误的选择中解脱出来，如图3.6所示。

图 3.6　Gmail——用户操控与自由

（4）统一和标准化（Consistency and standards）。

整个系统的语言、设计、操作反馈都应该遵循统一的标准和风格，不应该让用户对同样的系统状态产生意思是否相同的疑问，如图3.7所示。

（5）防止错误（Error prevention）。

一开始就防止错误的发生比当错误发生后给出提示要好得多，在进行重要的操作前，应该给用户以相应的提示对话框，例如："文件尚未保存，是否确认关闭？""信息提交后将无法修改，是否确认提交？""再次确认密码"等都属于可能引起严重后果的重要操作，如图3.8所示。另外还有一些微提示也可以起到很好的节约用户时间的作用，例如表格中在必填项旁边加星号，在需要填写数字的表格空格中弹出数字键盘而非字母键盘等。

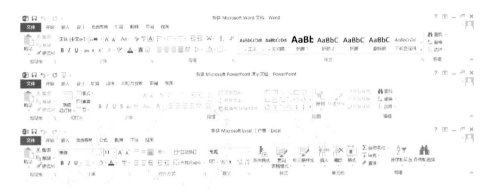

图 3.7　Microsoft Office——统一和标准化

图 3.8　Word 以防未保存文件丢失——防止错误

（6）识别好过回忆（Recognition rather than recall）。

把系统中的对象、动作、选项等可视化，让用户无须记住操作或者操作路径就可以达成目标，尽可能地减少用户的记忆负担，尽量让用户在提示的选项中进行选择，如图3.9所示。例如，在用户搜索时提供以往几个使用过的选项；自动发送确认短信或邮件；当用户进行错误操作时智能服务机器人预判用户需要的帮助；购物车的商品列表除了商品名称还有数量、金额等信息。

图 3.9　谷歌搜索——识别好过记忆

（7）灵活和高效（Flexibility and efficiency of use）。

系统应当提供一些快捷的操作以便用户可以更加方便地触达高频的操作，例如浏览器中的书签、软件使用中的快捷键都符合这个原则，如图3.10所示。另外，系统应当针对不同阶段的用户展示定制化的操作界面，对于新手用户，简洁的核心功能展示可以让用户更快地上手产品；对于资深用户，可以配置更加高级的操作入口以及定制自己的操作界面等。

图 3.10 Microsoft Office——灵活和高效

（8）简洁美观的设计（Aesthetic and minimalist design）。

设计的简洁美观是为了提升信息展示效率和用户体验的愉悦度，过多无关的信息会稀释产品的竞争力，让用户迷失和混乱，如图3.11所示。

Google

Google 搜索　　手气不错

图 3.11　多年来谷歌搜索一直保持简洁的搜索框设计——简洁美观的设计

（9）帮助用户认知、判断及修复错误（Help users recognize, diagnose, recover from errors）。

这个原则要求系统不仅要让用户识别出错误，还需要尽可能地指导用户如何解决问题。例如，拼写检查；填写表格选项时如果输入格式不符合要求，应当及时显示标红，提示用户；404 页面不应该只显示 404 错误，而是应当定制化页面或者给用户一些其他去处，例如回到主页，如图 3.12 所示。

未连接到互联网

请试试以下办法：
- 检查网线、调制解调器和路由器
- 重新连接到 Wi-Fi 网络
- 运行 Windows 网络诊断

ERR_INTERNET_DISCONNECTED

图 3.12　Chrome 浏览器页面出错页面——帮助用户认知、判断及修复错误

（10）帮助文档和用户手册（Help and documentation）。

这是帮助用户的最后防线，我们尽量做到让用户无须查看帮助就可以完成操作，但是恰当的帮助文件是必不可少的。帮助文档应该有结构清晰的目录和搜索功能，让用户可以快速定位到自己想找的内容，内容的设计上也应该图文对照，有步骤和解释。FAQ 页面也是必需的。另外，现在智能化的对话式帮助方式正逐步占据更加重要的地位，直接与智能机器人对话，很多时候就能解决用户的问题，效率更高、更人性化，如图 3.13 所示。

图 3.13 支付宝用户帮助对话

可以发现，设计与系统的交互就像人与人之间的交互，人与机器的交互原则就是越接近自然的交互与对话越好、越自然，因此设计一个机器系统就像设计一个具有完整、统一、有个性的人一样，系统的统一和标准化就是这个人的性格的统一完整，产品的竞争力就像这个人独特的人格魅力，系统的可见性和反馈机制就像和这个人交流的反馈。

当然，除了启发式评估，谷歌的 HEART framework 等度量用户体验的框架也可以被采用。HEART 中 H 指 Happiness，愉悦度；E 指 Engagement，参与度；A 指 Adoption，使用率；R 指 Retention，留存率；T 指 Task success，任务成功率。

数据分析也是对用户行为分析相当重要的组成部分，也会有专门的数据分析师做相关的工作，帮助进行商业决策。然而，数据本身并不带有观点，对于设计者来说，透过数据看到用户诉求才是我们需要的，例如一个电商网站对用户的点击路径进行分析发现，用户在进入购物车页面后的下一个网页如果通常是折扣页面而不是结账页面，就表明用户会因为折扣而分心。

我们也要警惕"数据陷阱"，即哪种数据维度对于你的产品更加有价值？例如在谷歌，衡量用户活跃度的一个重要指标是"7天活跃度"，而不是"日均独立用户数"，因为前者更加合理，我们很少会做一个预期人们每天都会使用的产品，而且我们还可以用它来和上周、上上周数据进行对比。当然，你可以根据你提供的服务类型选择适合自己的数据，如果你提供的是一个新闻应用程序，日活数据会对你更加重要，但是你仍然需要对比7天的数据维度；如果你提供的是一个找房应用，那么日活月活这种数据对你来说，就不如成交量这种数据更有意义 [1]。

埃里克·莱斯在他的《精益创业》一书中并不推崇那些总是在增长的指标。他称它们为"虚荣指标"，因为即使你的产品正在流失用户，你也可以找到一路上涨的图表自我麻痹，所以我们决不能忽视用户参与度、转化率等指标。这种失败的例子就切实地发生在了很多公司身上，例如有货（Yoho!）。有货曾靠着自有媒体杂志《Yoho！潮流志》的基础，几乎成为时尚品交易者的首选，但是经过10年的发展却在一个转折点后每况愈下、轰然倒塌，这个节点就是为了融资和跑赢竞争对手而推行的无节制的补贴策略。2019年有货狂撒优惠券补贴用户，用户量、成交量、总产品量等指标都达到新高，然而这些虚荣指标却是失败的原因，因为球鞋贩子利用这个补贴活动的漏洞狂薅平台羊毛，他们人均三个手机号是常态，每个手机号都可以领到优惠券，为了赚取平台的优惠补贴来回倒卖，造成了数据的虚高。最终过度的补贴活动导致了有货的现金流断裂，最终关闭。

事实上，你应该找出你的产品的"北极星指标"，肖恩·埃利斯在增长黑客理论中提出找到合适的增长方法需要先明确对于产品的唯一重要的指标（one metric that matters），例如ebay的北极星指标是总商品量（GMV）；微信的北极星指标是用户发送的信息数；Airbnb的北极星指标是客房的预订量；大众点评的北极星指标是点评条数。对于这些产品来说，这些指标能够真正地反应产品给用户提供的价值，对于他们来说，日活或者注册用户数都不能够真实地反应产品的运行状况。

对指标的关注又引出下一个话题：增长黑客。

---

[1] 《谷歌和亚马逊如何做产品》（*Shipping Greatness-Practical Lessons on Building and Launching Outstanding Software, Learned on The Job at Google and Amazon*），[美] 克里斯·范德·梅（Chris Vander Mey）著，人民邮电出版社。

增长黑客通过技术和数据分析精准定位产品存在的问题和机会，用较低的成本和敏捷的方法，实现产品的增长。现在，许多公司都专门成立了增长部门，制定和推行企业增长策略。

增长核心公式是：增长＝新增＋留存＋召回（Growth ＝ Acquisition ＋ Retention ＋ Resurrection）。感兴趣的读者可以延展阅读肖恩·埃利斯的书《增长黑客》。

用户测试的意义不仅仅是对于产品功能的小修小补，甚至可以改变整个产品定位！2020 年，Instagram 每月有超过 1 亿的活跃用户。这个在世界范围内备受欢迎的照片分享应用，前身是一个基于位置的社交应用，叫作"Burbon"，名字的灵感来自创始人凯文·希斯特罗姆最喜欢的酒——波旁酒（Bourbon），但是此时的 Burbon 是一个功能堆砌的产品。凯文经过不懈的数据分析发现产品中很多功能的用户使用率都很低，只有照片功能有相当高的活跃度，他意识到拍摄并分享照片才应该是这个产品的核心，于是他大胆地砍掉了除照片、评论和点赞之外其他的功能，把这个产品打造成了 Hipstamatic（一个很受欢迎的照片编辑应用）和 Meta（原名为 Facebook，全球最大的社交平台）的结合体，从此大获成功，目前 Instagram 仍然是全球最受欢迎的照片分享应用之一。不只是 Instagram，Youtube 曾经是个视频约会网站，Groupon 曾经是个众筹网站，Pinterest 曾经是个电商网站……感兴趣的话可以搜索一下现在非常普及的产品，曾经的产品定位可能与现在非常不同，但是开发者却又都是从原来的产品用户反馈中发现了机会。持续地用户测试，尽早发现产品方向的偏差，尽早转型掉头，就不会在一个无人需要的产品上浪费大量的时间和资源。

像淘宝、京东这些拥有数亿用户的产品，在每次进行产品发布前，都会进行百万甚至千万级的用户数据灰度测试，每天在线上也运行着大量的 A/B 测试，频繁的代码发布使他们更加积极地响应用户的需求、持续与用户互动，在交付产品的同时也是新一轮探索的开始。

AI 时代的设计决策

在 AI 时代，大数据和算法帮助我们大大提升了设计工具的效率，例如一键抠图、自动换背景、自动配色等，设计师可以省下很多重复性的劳动，也让我们不仅仅再只依靠人工判断用户喜好。哪种设计方案点击率更高，哪种配色转化率更高，跑一下数据就可以知道。算法也在帮我们创造设计，2019年"双 11"期间，阿里巴巴开发的智能设计系统鹿班累计作图 11.5 亿张，累计服务 34 万商家，完成 84.7 万次店铺装修设计，2512 万商品主图制作投放。鹿班系统通过深度学习提炼设计经验，把高位的像素图片抽象成一个蕴含颜色、纹理、字体大小等多维信息的量化图，通过将大量的设计数据化，结合用户画像，反向生成设计素材，可以更加精准地投放至对应用户群体[①]。在理解用户喜好的基础上，这个深度学习的系统在逐步替代掉一些低端重复的设计工作。历史学家尤瓦尔·赫拉利在其著作《未来简史》中说："人类已经开发出更精密的算法，谷歌、Meta（原名为 Facebook）等大数据公司将比我们自己更了解人类。人类社会的未来将会是一个全新的、效率更高的数据处理系统，称为'万物互联网'。"

现在，大家都比以往更多地探索下一代的设计和交互方式。概念性设计或许能给我们更多的启发，英国皇家艺术学院（RCA）交互设计系主任安东尼·邓恩（Anthony Dune）提出的"思辨设计"（Speculative Design）就是从概念性设计的定义出发，将概念性设计作为一种探索科学与技术领域中的新现象、将设计的价值定位为实现社会梦想的催化剂。他们认为设计不应该只产出技术简易化、欲望化、消费化的产品，而是应该创造愉悦、激动人心和富有启发性的体验。思辨设计提出的 A/B 宣言，提供了一种除 A 之外的另一种 B 可能，还可能激发 C、D、E 三种可能，如图 3.14 所示。

正因为人工智能取代了大量的重复性和确定性工作，设计的创造性、不确定性和艺术性才更加被需要，而且是持续被需要，属于设计师的黄金时代正在到来。

---

① 数据来自 Alibaba Design。

A	B
肯定的	批判的
解决问题	发现问题
提供答案	提出问题
为量产而设计	为辩论而设计
设计即流程	设计即方法
为行业服务	为社会服务
虚构的功能	功能的虚构
说明世界是怎样的	说明世界可能是怎样的
让世界变得更适合我们	让我们更适合世界
科学的虚构	社会的虚构
未来	平行世界
"现实"的真实	非"现实"的真实
产品叙事	消费叙事
应用	暗示
有趣	幽默
创新	激进
概念的设计	概念化设计
消费者	公民
让我们购买	让我们思考
人机工程学	修辞学
用户友好型	伦理道德
步骤程序	作者身份

图 3.14　思辨设计 A/B[①]

小　结

1. 产品可用性可以通过有效性、效率性、满意度衡量。启发式评估的 10 条准则是我们可以使用的利器；

2. 持续的数据分析和测试，帮助我们实时获取用户反馈、获取用户洞察，据此迭代功能，甚至改变产品定位；

3. AI 时代的设计决策，基于大数据和算法，可以更加理性和有据可循，但是也对设计的创新性提出了更高要求。

---

① 　改绘自 Dunne&Raby《思辨设计》。

■ 用户参与的产品设计

不论我们有多少先进的数据分析和用户行为分析工具，想要获取用户的反馈和观点，采用直接与用户面对面的小型数据采集方式，仍然不可或缺，这对收集一手用户反馈资料非常有意义，也避免我们将产品推向市场后再进行优化可能造成的风险。用户访谈就是最常用的方法，这个过程中的受试者（或者叫受访者）应当符合我们目标的用户群体特征，具备用户代表性，如果你的产品是面向年轻妈妈的电商平台，那么请来 100 个中年男士进行测试也对产品的帮助不大。

另外，应当招募多少参与测试的人员呢？尼尔森博士分析了 83 项自己主导的产品研究后，发现 85% 的问题在采访 5 个人之后被发现了，即便再继续采访 10 次、20 次，得到的用户反馈问题并没有线性增加，只会浪费工作量，如图 3.15 所示。"在同一个研究中，参与人数超过 5 人后得到的额外收获就很少了，投资回报率（ROI）已经确定。"所以，在进行 5 人的用户采访测试后，应该再快速迭代一次产品版本，再进行一轮用户访谈，而不是期望在这一轮测试中把所有问题都找出来（这也不可能）。

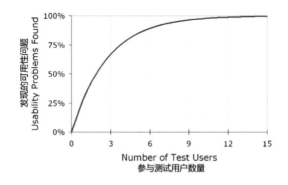

图 3.15　参与测试用户数量和发现的可用性问题的关系 [1]

---

[1]　图片来自 nngroup 网站。

杰克·纳普在进行设计冲刺的时候，曾试图邀请更多的用户来进行测试，也发现并没有获得更多价值。5个人的采访人数规模也使得在一天之内获取完整反馈成为可能。

用户访谈与定量调查相比也有不可替代的意义，定量调查获取的是数据，但是数据本身不带有观点，还需要进行进一步的分析，用户采访却可以非常直接地告诉你他们的观点：你的方案是否可行以及为什么。

用户采访的方式本身也非常简单，不需要花费高昂的设备或者很强的专业技能，准备好原型产品，遵循一定的采访准则就可以进行。你甚至不需要专门的采访室，在条件有限的情况下，咖啡馆、公园都可以成为采访的地点。理想的状态是遵循结构化的采访流程，但是也有不少情况是碎片化且突发的，例如说在用户论坛里的用户反馈，在产品的粉丝交流群里的用户反馈等，对于这些非正式的用户交流，也应该遵循一定的原则才会得到不带偏好和相对准确的结果。

用户体验研究专家 Indi Young 总结的非主导式的用户采访原则是我比较认同的，归根结底就是让用户的反馈自然而然地表达，获取最直接的用户反应，尽可能减少采访者的偏好引导。我将她的观点加以修改后总结了以下原则，不论是结构化还是非结构化的访谈都可以用到：

（1）关注用户行为和背后的逻辑，而非产品偏好。

直接问用户对目前的产品有什么不满，希望增加什么功能，以此作为用户反馈依据增改产品功能的行为，看似是遵循用户声音，实则是非常偷懒。与其关注功能本身，不如关注用户希望达成什么样的目标，用户到底想做什么，这与 Jobs-to-be-done 的方法内核一致，我们关注的是用户的最终目标，而非路径本身，因为关注功能路径很可能让我们陷于功能的堆砌，关注用户最终的目标才能帮助我们创新。当然，不是说关注行为和逻辑就是不给用户展示产品功能，如果你的用户采访目的本身就是对于某个功能流程的流畅度的测试，而非产品功能意见，让用户使用某个产品功能就是必需的，这与刚刚说的原则并不矛盾。

（2）使用开放式问题。

还记不记得在第一章研究的终极目的中的"5W1H"——"谁""什么""什

么时候""哪里""为什么""怎样"，这些提问方式都属于开放型问题，如果你问用户"你是选择 A 还是 B？"，用户就会更倾向于从你给的这两个选择中作答，而不是基于自己的体验；如果你问用户"你将如何向朋友推荐这个产品？"，而不是"你将如何向朋友描述这个产品？"，这种提问方式本身就假定用户一定会推荐你的产品，用户就会更加倾向于用"推荐"的正向角度去介绍这个产品，设计者就会有一种沾沾自喜的不切实际的认知。给用户选择或者使用带有倾向性的词语都会引导用户的回答，造成数据偏差。

（3）避免使用过于专业的术语。

对于专业人士来说，使用一些词语可能是近乎本能的，一些互联网黑话，别说用户不懂，对于专业人士也会增加无谓的沟通成本。字节跳动创始人张一鸣在字节跳动九周年年会上曾念了一段报告，讽刺了这种现象，原文是"过去我们主要依靠推荐技术赋予的信息分发能力、跨端联动'抖头西'①、分多个产品自研，实现深度共建，形成组合拳，打造内容生态闭环，以此赋能客户用户创造价值。未来我们要增加横向不同场景价值，延长服务链路……"，张一鸣提到"很多决策并不需要那么复杂的描述，很多重要的判断是通过对用户和事实的观察做出的，保持敏感的同理心和开阔的想象力很重要"。对于用户访谈来说，一些无谓的"黑话"会明显增加沟通难度，用户很可能会因为不好意思让你解释专业术语避而不谈其真实观点。

（4）询问最近期的体验。

随着对话的深入进行，用户的回忆很容易追溯到过去或触及他们不熟悉的领域，我们都知道回忆往往是靠不住的，最新的记忆对我们更有价值，例如你可以问："你上一次去健身房是什么时候？"再以此展开用户的体验回忆。

拓展阅读
谷歌风投的采访结构

● 以友善的欢迎开始采访。

---

① "抖头西"指抖音、今日头条、西瓜视频。

让用户放下戒备，以平等轻松的方式开始对话，在开始的时候也可以让受访者签订保密协议并告知是否有录音录像（图3.16）。在这个环节，可以说：

"你的建议对我们很重要。"

"这个采访的目的是测试产品，所以在使用过程中遇到任何困难或者疑惑都可以说出来，这不是你的使用方式的问题。"

"感谢您的参与，在开始前还有什么问题吗？"

● 提出一系列有关用户背景的笼统的开放性问题。

这是进入真正产品测试前的过渡阶段，可以帮助我们了解受访者的背景，完善用户画像，也可以着重问一些和产品相关的背景问题。例如，如果是一个健身产品，可以问问用户工作之余的爱好，是否健身，如何健身等；如果是一个旅行产品，可以问问用户的职业和旅行的频次等。在这个环节，可以问：

"您是做什么工作的？"

"您工作之余会做什么？"

"您多长时间会旅行一次？"

"您旅行的时间一般是多久？"

● 介绍原型。

向受访者引入原型，需要跟受访者说明的是这个只是原型，不是完美的产品，遇到任何问题都可以讲出来，可以使我们更好地进步。鼓励受访者用发声思考法，边使用产品边把自己的想法说出来。注意要让受访者自主与原型产品互动，而不是由采访人解释产品功能，如果你的产品还没有完全做到可以让用户较为自如地使用的话（不一定需要开发出来，用Figma、Invision和Keynote等工具设计的交互原型就可以），那么可以跑通某个流程闭环，着重这个流程任务的测试，因为观察用户的自然反应显然比描述功能要好得多。如果产品还处于很早期的阶段，那么访谈的重点不应该是对原型功能的测试，而是更加宽泛的问题和启发式引导，这也会收获很多有价值的用户反馈。在这个环节中，可以说：

"这个是我们的 ×× 产品，还不是很完善，没有完成的部分我会告诉你。"

"我们是测试产品，不是测试您，所以有任何疑惑都请说出来，对我们非常有帮助。"

"这个产品不是我设计的，直白地指出问题不会伤害我，请放心地表达自己的观点。"

"对于产品使用的观点不分对错优劣，有想法就可以交流。"

"请把您想到的都说出来，告诉我您要做什么，遇到什么困难，发现哪些喜欢的地方，都可以讲出来，边用边说。"

图 3.16　谷歌风投正在进行用户访谈测试 [①]

● 　给用户布置与原型互动的具体任务。

　　用户使用产品脱离不开场景，用户也不可能永远在测试人员的指导下使用产品，所以模拟使用场景可以更好地帮助我们判断用户行为。用模拟场景提问而不是直接下达任务提问，会让用户进入使用情境，更加自然地给出用户反馈，也可以减轻用户"被测试"的感觉。在这个环节，可以问：

"假如您在应用商店看到 ×××。那你如何确定是否要使用它？"

"这个是什么？您预计会发生什么？"

"接下来您要做什么？"

"在户外使用的时候您会怎么做？"

---

① 　图片来自谷歌风投 Youtube 频道。

● 用快速回答捕捉用户首要的想法和印象。

在采访过程中，会有很多信息和反馈，但是测试人员需要将最重要的反应、成功或失败的地方识别出来，总结式的问题可以让受访者着重于最重要的印象和感受，帮助我们判断。在这个环节，可以问：

"目前这个产品和你正在使用的相比，你觉得各有什么优缺点？"

"这个产品最让你眼前一亮的是什么呢？"

"你会如何向别人介绍这个产品？"

"你会如何改进这个产品？"

小 结

1. 无论有多少先进的测试和数据分析工具和方法，直接与用户对话仍然不可或缺；

2. 进行用户访谈，你只需要 5 个对象；

3. 用户采访要遵循的原则：

● 关注用户行为和背后的逻辑，而非产品偏好；

● 使用开放式问题；

● 避免使用过于专业的术语；

● 询问最近期的体验。

■ 设计师赋能企业用户创造更多价值——对话 VMware产品设计师韩雨栩

受访嘉宾：韩雨栩，VMware[①] 产品设计师，负责云管理、购买与订阅方面的体验设计（VMware 产品界面如图 3.17 所示）。本科学习电子信息工程领域，获得工学学士。研究生毕业于加州大学伯克利分校建筑系，获得建筑学硕士及交互体验设计认证。有中国、德国、丹麦、美国等多国工作经验，拥抱多元设计文化并形成自己的设计理念及工作方式。在 Saas、教育、广告与营销等产品方向具有颇多经验。

图 3.17　VMware 产品界面

---

① 　VMware 是全球领先的虚拟化及云服务解决方案厂商。

笔者：To B 产品的研究方法和 C 端产品的研究方法有何不同？

雨栩：B 端的销售对象多为公司，购买者和使用者通常不是同一个人。实际情况可能是：购买者是一个团队里的领导，而实际使用者则是其员工。而 C 端多数是售卖给个人用户，使用者拥有购买权，他可以决定自己买与不买产品。B 端产品设计的过程中，采访和调研通常涉及几个不同职位的人的合作，而非针对单个人。而对于多数 C 端产品，调研一个人就可以了解他是怎么端到端来完成一项任务的，因为用户自己就是一个决策者。所以一般 B 端产品会复杂很多，因为这里面会有很多角色，他们也会互相影响。

To B 产品除了和 To C 产品一样要研究使用者的需求、使用习惯等，在帮助企业用户更加方便快捷地完成任务的同时还更要考虑如何传递产品价值。

笔者：To B 产品应该具备哪些特质？

雨栩：To B 产品本质是帮助企业在某种工作场景中完成一项任务，且功能更加复杂，用户使用时间更长。所以 To B 产品的特质，首先是要有清晰的架构、完善的功能及逻辑清晰的工作流，其次才是锦上添花的视觉体验。设计师需要将复杂的使用场景转换成好用、易用的体验。例如一个报销系统，员工将近期出差的发票提交到系统内，"提交"并不是指完成了这个动作，就会马上得出一个结果。当提交完成后，经理需要审批是否属实后再提交给财务组，等财务组最终审批完成，才会打入个人账户。这个简单的流程就包含了至少 3 个角色。如何去概括归纳，将使用情境简单灵活化，是一个很大的挑战。

笔者：那这就引入了下一个问题，如何在标准化的产品中平衡多元化的需求呢？

雨栩：这就需要有一个完善的端到端的用户过程，也就是我们需要明确最后的目标是什么，并想出一个解决方案帮助用户实现这个目标。在任何的使用场景下，不管中间经历的用户有多少个，最后的目标是一样的，为了达到这个目标，需要一个从策略层上可以概括以上所有多元化需求的解决方案。

笔者：如果在一个公司内部不同的人有不同的需求，这种多元使用场景可能还相对可以平衡，因为它是在一个组织结构下的。但是 To B 产品其实面向的是非常多元化的公司主体，如果你们的用户以一个大公司为一个群体的话，他们的情况可能会非常不同。而且 To B 产品也很强调大 B 客户、标杆客户，每个公司的流程和运作方式也很不同，但是你们能提供的产品和服务应该是相对标准化的，那这种情况应该怎样平衡呢？

雨栩：这需要看大多数的用例是什么样的。举一个简单例子：一个商场，如果 90% 的客户每次进来就买一个产品，与 90% 的客户每次进来都买多个产品，设计的购买流程肯定是不一样的。设计师需要去寻找一个适合大多数用户的模式，同时结合通用可用性（General Availability，GA）。这样在发布产品后，用户都能看到这个特点。在设计过程中要考虑受众，观察大多数情况是什么样的，不可能所有的用例都被顾及，基本上我们覆盖到 80% 到 90% 的情景，就能用一定的标准化流程帮助客户去完成多数的任务了。

但是对于体量很大的客户，我们也可能会用定制化设计开发的路径解决他们的需求。还有就是创业公司会有这样的一种模式，就是利用对大客户的定制化开发发展出自己的产品定位和特色功能，去适配给别的具有共性的企业。

笔者：会不会有人有这样的误解，认为既然创意性的设计在 To B 产品中比较难运用，所以设计师的角色不是很重要，你怎么看？

雨栩：不管是在 C 端还是在 B 端，设计师的作用都是非常显著的。甚至 To B 产品对于设计师的逻辑要求会更高一些，因为 To B 产品涉及用例、架构和用户画像等工作的复杂度更高。创意性不仅仅是视觉上的创意，解决问题也是一种非常重要的创意性。

笔者：能不能讲讲通常产品开发的协作流程是什么？

雨栩：在产品开发之前会有一个路径图（Roadmap Planning），这是由多种因素决定的：通过用户调研或可用性测试找出的痛点；产品经理或客户经理跟客户沟通得出的痛点；品牌端涉及的有关业务优先级调整等都会被放入到路径计划图会议中。团队会对功能的优先级进行评估，实现成本比较低但价值比较高的一些用户故事（Story），就会被优先安排。分配的任务内容就相当于一个待解决的痛点或问题。

与工程师沟通，最大的意义在于你的设计能不能被实现；与产品经理沟通，侧重点则在于你的工作流能不能在特定的时间内完成、需不需去拆分；当然也会有其他的设计组和你探讨，看哪种设计更符合用户的需求。

进入迭代过程后会有几轮的可用性测试。通过测试我们会确定最终的流程，接下来就是实现 UI。不过现在的一些大公司，都有自己非常完善的设计组件库，有的时候流程敲定后，UI 也就基本完成了。

将整理好的不同用例情境及边界情况，提交给程序员就可以进入开发了。开发的过程中也可能会有一些问题，或遇到一些边界情况，这需要再和设计师敲定。而经验丰富的设计师，在提交给程序员设计方案之前，就已经预判到了一些边界情况。开发完成后，最后会做一轮 UX 测试，程序员会被给到一个测试环境，确认测试出的问题都解决后，再正式发布。

笔者：在云服务产品中，设计师具体参与的工作内容是什么以及起到了什么样的作用？

雨栩：最开始的 DOS 操作系统，没有可视化界面，用户需要到系统里面去敲一些代码才能操控计算系统，但现在随便一个人打开计算机都可以直接操作计算机。设计师在这个转换的过程中做的，就是让整个过程更加易用，并赋能用户处理更加复杂的情况。云服务类产品同理，设计师负责解决如何让云服务、云管理这件高门槛的事情变得简单省时省力，灵活收缩扩大，支持企业随着市场需求扩容并节省开支给企业带来方便，让以前必须雇佣一大组专业人士才能完成的事情，变得需要更少人力且更容易上手。

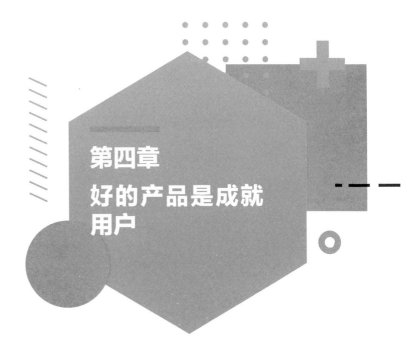

第四章
好的产品是成就
用户

当用户在夸赞一款产品的时候实际在说什么？

产品的持续成功来源于哪里？

产品如何帮助用户成就卓越？

如何帮助用户进入心流状态？

■ 不是更好的产品，而是更好的用户

以用户为中心的设计方法要求我们将用户的特点、心理、需求、行为习惯和与之对应的产品可用性贯穿在整个设计过程中，推出满足用户需求的产品。这次，我想更进一步，重新理解"以用户为中心"，如果说满足了用户需求就可以让用户开始使用、持续使用，甚至推荐给别人的话，那么为什么我们掌握了这么多科学的产品设计方法，设计出一款被广为使用并持续增长的产品仍然是那么困难（可以说是最困难的）的一件事呢？

这很可能是因为我们忽视了用户的真正的内在动机。

凯西·赛拉（Kathy Sierra）是超级畅销技术书 Head First 系列的策划人，大型 Java 开发者社区 JavaRanch 的创办人，是专业能力开发领域的专家。她在她的著作《用户思维＋》中阐述了这样的观点，如图 4.1 所示：

当用户说："这个产品太神奇了，你应该看看它的效果！"

实际上用户是在说："你快看看，用了这个产品，我感觉自己棒极了！"

图 4.1　用户实际在说什么[①]

---

① Designed by Freepik。

人们并不是因为喜欢你的产品而使用你的产品，事实上，人们本来与你的产品毫无瓜葛，人们持续地使用产品并推荐给别人，是因为喜欢使用产品时的感觉，是用户对自己的感觉，是在使用了我们的产品或服务后，达成了某种效果或成为了某种样子的那种感觉。人们使用并推荐产品是因为喜欢自己。所谓消费升级，是个人愿意付出更高的成本购买与自我价值相匹配的产品。这也是我们的产品从解决"需要（Need）"上升到"想要（Want）"的必经之路，"需要"由任务决定：手机可以打电话；"想要"则由文化、广告、个人眼光和自我形象等决定，而"想要"比"需要"更能决定产品的成败[①]。

　　所以产品取得成功的秘诀不是在于产品之中，而是在用户身上，"用户不是沐浴在出色产品的光环之中。而是产品沐浴在用户（用产品而产生的）出色成果的光环之中。[②]"不是出色产品成就了用户，而是表现卓越的用户成就了产品。

　　产品的持续成功来自用户的不断使用和推荐，也就是我们说的口碑传播，口碑传播不仅是节省成本的产品增长方法，也是最有效可靠的产品增长途径，口碑传播也让指数级传播成为可能。相比起其他形式的广告，人们更加倾向于相信来自家人、朋友甚至网上不带有利益相关的网友的推荐。在亚马逊创立的初期，有不少类似的竞争对手，亚马逊的差异化打法在于高质量的书评，贝索斯甚至会亲自查阅每一条书评，确保在亚马逊上的书评是高质量的。时至今日，在亚马逊上发表的评价也要经过审核才会被发表，网友们的高质量推荐促进了书籍的售出，增加了网站的销量，进一步让亚马逊有能力涵盖更广范围的书籍，从而吸引更多的优质书评，形成正向循环。不是亚马逊成就了这些自发撰写优质书评的用户，而是这些卓越的用户成就了今天的亚马逊。

　　还记不记得火爆硅谷的社交应用 Clubhouse？这款应用得到特斯拉和 SpaceX 的创始人埃隆·马斯克等硅谷科技大佬在推特上的公开推荐后，迅速蹿红。一个有趣的现象是，许多中国用户会将他们使用 Clubhouse 时的产品界面截图到微信朋友圈，再发表一番评论，有的是关于产品设计本身，有的是邀请朋友圈的好友

---

① 《设计心理学 3（修订版）：情感化设计》，[美] 唐纳德·A·诺曼（Donald A. Norman）著，中信出版社。

② 《用户思维+：好产品让用户为自己尖叫》（*Badass-Making Users Awesome*），[美] 凯西·赛拉（Kathy Sierra）著，石航译，人民邮电出版社。

加入 Clubhouse，但最多的是在某个"房间"发现了某个大佬人物，兴奋地截图标出并分享到微信朋友圈。人们为什么会这么做？这并不会给人们带来任何收益，将应用分享到别的社交平台也没有任何推荐奖励，但是为什么人们还会热衷花时间寻找邀请码，把一个新兴的社交应用的使用感受分享到另一个社交应用？因为在 Clubhouse 里，熟知他们的好友并不多，但在微信朋友圈里，他们的众多好友们就会知道他们是一个紧跟潮流、非常酷的人，在 Clubhouse 里得到了多少信息是次要的，用户感觉自己太酷了才是更重要的。

再如 Instagram，这个在全球已经拥有超过 10 亿用户的世界级图片分享社交应用，一开始能够流行起来并不是攻克了什么技术难关，或是实现了一个什么别人都没想到的产品点子，事实上，图片社交应用并不止 Instagram 一个，Instagram 的流行更多的是由于一种心理层面的因素。彭博社记者莎拉·弗莱尔写道："滤镜让现实成为艺术。接着，在记录这种艺术的同时，人们开始以不同的方式思考自己的生活，以不同的方式看待自我，并且以不同的方式看待他们在社会中的地位。①"

仅仅让用户自我感觉卓越还不够，例如贾斯汀·比伯等潮流明星使用 Instagram 发布滤镜照片，带动他们的粉丝也争相注册，但是如果没有更多的用户持续产生优质的内容，这种自我感觉良好的热乎劲儿很容易就过去了。Instagram 的成功在于可以持续地让一部分用户表现卓越、达成目标，它通过简易又有效的滤镜降低了摄影的门槛，让普通人、在简单的场景下能拍出具有品质的照片，优质的照片作品又让一部分普通用户成为了卓越用户，在这个平台上诞生了众多的"网红"，引领了风尚，形成良性的社区生态。所以，打造卓越的用户的内核并不止于让用户自我感觉卓越，更是让用户能够成就卓越。

表现卓越的用户有这些特征：

● 能利用产品或服务产生优秀的成果，并公开展示；

● 主动向他人谈论、推荐和宣传产品；

---

① 《解密 Instagram：一款拍照软件如何改变社交》（ *No Filter: How Instagram Shaped Our Culture and Redefined Celebrity and Saved Facebook* ），[美] 莎拉·弗莱尔（Sarah Frier）著，张婧仪译，中信出版社。

- 对产品或服务有更高的忠诚度，不轻易放弃或改用其他品牌；

- 对产品或服务的缺陷有更高的敏感度，会督促产品开发者进行优化，但同时对缺陷具有较高的容忍度；

- 追求更高端和高级版本的产品或更高级的玩法；

- 乐意创建、寻找或参与用户社区，并愿意为此持续投入时间；

- 收集各种让他们感到骄傲的周边产品，例如配件、玩偶、T恤等。

　　"以用户为中心"是产品和服务的设计者们的共识，但是往往成为用户前我们会关注应用场景和痛点，成为用户之后就忽视了场景和故事，变为关注功能本身，而只关注工具就会丧失对用户动机的理解。重新理解"以用户为中心"，要求我们发掘用户真正的动机，从关注功能转为关注使用，从关注工具转为关注场景，从关注吸引用户注册转为帮助用户持续表现卓越。就像凯西·塞拉的研究指出的："没有人想成为三脚架大师，人们是想拍出好看的摄影作品。"如图4.2所示。

图 4.2　用户实际想达成的目标

"不要打造更好的照相机，

要打造更好的摄影师。

不要打造更好的电钻，

要打造更好的家居 DIY 能手。

不要打造更好的服务，

要打造更好的用户。"

小结

1. 不是出色的产品成就了用户，而是表现卓越的用户成就了产品，用户使用产品或服务的内在动机不是喜欢这个品牌或公司，而是喜欢自己、喜欢自己通过它们能够达成的样子；

2. 口碑传播是低成本、高效地让产品或服务获得生命力的方法，而促使口碑传播的就是那些表现卓越的用户；

3. 产品的持续成功不仅需要让用户感觉良好，更要让用户在产品或服务中持续成就卓越；

4. 卓越用户的特点是：专业高手、乐于推荐、高忠诚度、高容忍度、追求极致的体验、愿意寻找同类用户、乐于收集和产品相关的周边。

■ 帮助用户成就卓越

卓越的用户听起来很不错对吧，那么，我们的产品或服务如何才能拥有这样的用户？为实现这一目标，我们的任务的核心是如何帮助用户成就卓越。实现这样的目标首先需要转变视角，从打造高质量的产品或服务本身变为帮助用户在产品或服务里成就卓越，如图4.3所示。

图 4.3　转变帮助用户的视角

塞拉提出一种查找与替换的思维实验，迫使我们进行思维模式的转变，试着用"我们的用户"代替"我们"。刚开始看似意义不大，但是在不断的心理暗示后，用户视角会成为我们习惯的思维模式，如图4.4所示。

当你这样思考时		请将其变成这样
我们应该怎样做才能在社交媒体上获得更多关注者？	→	我们应该怎样做才能帮助我们的用户在社交媒体上获得更多关注者？
我们应该怎样做才能给我们的文章和图片带来更多评论？	→	我们应该怎样做才能帮助我们的用户为他们的文章和图片带来更多评论？
我们应该怎样做才能让人们谈论我们的品牌？	→	我们应该怎样做才能让人们谈论我们的用户？
我们应该怎样做才能让人们了解我们的价值？	→	我们应该怎样做才能帮助人们了解我们的用户的价值？
定义我们的使命	→	定义我们的用户的使命
设计一款让我们看起来充满活力的T恤衫	→	设计一款让我们的用户看起来充满活力的T恤衫

图 4.4　换一种角度

我们在处理竞争时，这样思考的帮助会更大："我们的竞争优势不再是如何与竞争对手相互较量，而是我们的用户如何与竞争对手的用户相互较量。"转变思维视角可以帮助我们脱离偏离航向的竞争内耗，专注于给用户提供价值本身。好了，现在我们在思维模式上已经基本准备好，接下来具体应该怎么做？方法如图 4.5 所示。

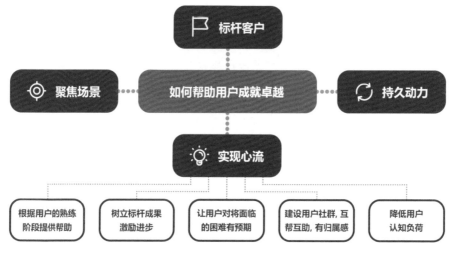

图 4.5　如何帮助用户成就卓越

（1）先让一小部分用户成为卓越用户。

无论你对未来的用户群有多么宏大的目标，你的产品也不可能适用于所有人；也无论你想出了多少条关于你的用户可以战胜竞争对手用户的方法，你也需要真正地有用户帮你实现这一目标。所以，在初始阶段，我们的精力必须聚焦于一小部分用户，并帮助他们表现卓越，这一小撮用户是更符合我们的产品或服务定位的人群，也更容易达成卓越的表现，他们可以帮助我们进行口碑传播，更重要的是，他们可以帮助我们进行"事实传播"，因为他们已经在我们的平台上达成了令人羡慕的效果。

还是 Instagram 的例子，在创立初期，创始人斯特罗姆和克里格并没有对所有人都开放这款应用，而是邀请了那些有潜力成为卓越用户的人来使用，这波初始用户不仅可以用好 Instagram，也会倾向于在其他平台上用自己的影响力向其他用户推荐它，形成示范效应。无独有偶，Pinterest、Clubhouse、知乎等产品在初期都采取了邀请制的策略，而面向企业客户的 To B 软件更是非常强调标杆客户的获取和维护。不光是科技产品领域，时尚界也早已惯用这种方法，奢侈品牌会在新品发布前邀请名人、明星或 VIP 优先使用产品，普通客户自然会趋之若鹜，因为这些名人已经树立了品牌的标杆效果。

（2）简洁的工具不等于简单的应用场景。

"Instagram 用起来非常简单。我一直告诉自己，一旦 Instagram 不再让用户乐在其中，或者一旦用它就像在工作一样麻烦，我就会卸载它。但 Instagram 一直保持着简洁性。"摄影师 / 设计师丹·鲁宾如此评价，他是 Instagram 第一批推荐用户之一。

我们在产品设计的时候经常听到两个近乎于矛盾的表扬词汇："设计简洁"和"功能强大"；也会听到两个相对应的批评词汇："功能缺失"和"流程臃肿"，在这里，简洁与缺失、强大与臃肿似乎只有一墙之隔。这要求设计者专注在帮助用户在具有吸引力的应用场景中表现得更好，而不是止步于堆积功能本身。工具的简单需要设计者对应用场景更加聚焦，在相对应的多变场景中达成精准的效果。

其实这与"颠覆性创新"理论的内核一致。这个理论的提出者克里斯坦森的解读是："颠覆性技术不等于更加先进或更具突破性的技术。"他认为的"颠覆性创新"的实质是"技术的民主化"，也就是将原先复杂昂贵的技术转化为简单廉价的技术，让技术的受益者和使用者从一小撮掌握复杂知识和技术的专家，扩展为主流大众。就像功能简陋、体积小的个人计算机逐步替代了功能复杂、只属于专业人士的小型机和大型机[1]，这不正是让更简洁的工具聚焦在更创新的应用场景，让用户在场景中取得成功吗？

（3）跨越入门，进入心流，迈向卓越的表现。

我曾经有一个专业级单反相机，当时买的时候立志好好学习摄影，但是很长一段时间我一直都只用 Auto 模式，最后我还是把这个单反相机转卖了，换了一台更轻巧简单的相机。这次相机的使用频率明显提升，而且我发现我的摄影作品并没有因为我换了一台设备而降低水平，因为以前的那些各种手动设置的专业模

---

[1] 《颠覆性创新之父克里斯坦森：我只有一套理论》，哈佛商业评论。

式对我来说根本用不到。像我这样的例子不在少数，这段经历生动地描绘了我们常常开玩笑说的"专业摄影从入门到放弃"。很显然，这次我就是一个没有迈向卓越表现的用户。在我试图跨越入门进入专业时，发现这厚厚的使用手册或是几十集的教学视频不是帮助我进步，而是直接把我劝退。研究表明，如果人们要做的事情超过其能力范围，那么他们就会焦虑。对于复杂的工具，直接给用户复杂的应用场景不是在教用户跨越门槛，而是让用户直接放弃。谷歌的一个研究报告指出，有四分之一的用户打开某个应用之后就再也不继续使用了。产品的下载量或注册量是很重要的一个指标，但这个指标仅仅只是一个起点。

在和产品初次接触时，用户能够非常快速简洁地上手是第一步，假设说我的单反相机连 Auto 键都没有的话，我也不会用它这么多年，但是仅仅让用户停留在新手阶段是远远不够的，得不到进步的用户最终会放弃你的产品。我们更应该关心用户"使用后"的表现，对于给到用户的任务的最佳状态应该既不是太难也不是太简单，这种程度的任务对用户实现心流状态至关重要。

拓展阅读
如何帮助用户进入心流

可以试试以下几种方法帮用户实现心流状态：

（1）根据用户的熟练阶段提供帮助。

让新手用户尝试高阶任务是你失去用户的必杀技，对于新手用户的任务设定，应当操作简单并立竿见影，假设你有一个视频剪辑应用，用户首次制作的视频很可能与他们期待的相差甚远，但是你可以给定用户一个特定场景，让用户根据你的简单几步指示，就可以制作出看上去不错的视频作品。对于新手用户的指令一定要简单、明确、见效快。当用户使用次数达到一定数量时，可以根据用户所处的阶段推荐和匹配教程和引导，如图 4.6 所示。

图 4.6　提供的帮助应当适应用户的阶段 ①

（2）树立标杆成果，激励进步。

前文提到的邀请制营造了一种产品和服务的稀缺性，这些被邀请的用户更可能做出标杆性的成果，引领其他用户（图 4.7）。他能拍出这样精美的照片，是不是我也可以？他能做出这样酷炫的视频，是不是我也能？他能收获百万粉丝，我好像也可以？一个社区中的标杆用户就是马拉松比赛里跑在前面的人，引领着其他人一起前进。这些标杆用户也会为产品带来最重要的口碑传播和事实传播。

图 4.7　标杆的成果可以激励进步

（3）让用户对他们将面临的困难有预期。

掌握摄影技能很难，掌握滑雪技能很难，拥有众多粉丝很难，但是我们往往看到的是专业人士游刃有余地在高级滑雪赛道上翻转，或者一呼百应的

---

① 　Designed by Freepik。

KOL利用粉丝经济实现营收可观。但是当我们的用户自己去尝试的时候，会发现滑雪是不断摔倒、失控，即使是在初级道上；或是自己精心制作的视频分享，只有个位数的人观看，这种巨大的心理落差只会让用户更快地放弃。所以对于入门的用户来说，仅仅让他们看到产品能够给他们带来的美好是不够的，还需要告诉他们需要耐心、需要练习，才能达成他们想要的效果，让他们对即将面临的困难有预期（图4.8）。第一天很难，第二天很难，第三天很难，但是未来很美好。

我知道滑雪一开始很困难

图4.8 新手用户对面临的困难有预期

（4）建设用户社群，互帮互助，有归属感。

产品需要被谈论，需要发声，基于社交软件的群组、论坛、博客、海报都可以是很好的用户社群形式，让用户有归属感，让用户有交流和进步的通道，如图4.9所示。这里也是绝好的收集用户反馈需求的地方。

图4.9 建立用户社区①

---

① Designed by Freepik；photo by NeONBRAND on Unsplash。

（5）降低用户认知负荷。

认知负荷在自然界普遍存在，如果一只正在交配的鸟类看到了自己的天敌正在朝自己飞来，它的反应不是逃命，而是愣住。就像如果你在两天之中同时面临 5 场期末考、1 场托福考试、3 篇论文，你还剩一天准备时间，你会怎么做？你往往不会抓紧时间复习，而是直接看一天电视，这就是认知负荷过载。苏联心理学家布鲁马·蔡加尼克（Bluma Zeigarnik）还提出了"蔡加尼克效应"，就是对于没有完成或者中断的任务，我们的大脑会为其保留一个"后台进程"，这些悬而未决的事情像电脑后台运行的程序一样不断消耗着资源，即便你在做 A 事，你脑子里没有放下的 B 事也会消耗你的认知资源。

所以我们要做的就是尽可能地减少用户的认知负荷，如图 4.10 所示：

①认知负荷过载常常来源于不确定性，即无法确定我们的行为是否能够达成预期的效果，所以我们在设计的时候，针对一种场景的交互，只让用户完成一件主要的事情[①]；

②给用户提供有限的选项，选择过多或者开放性的选择只能让用户选择困难进而放弃；

③减少初级场景的堆积，促进用户的进步和下一个场景的转化；

④不要让用户记忆（回忆一下启发式评估 10 条原则）。

图 4.10　减少认知负荷

（4）让用户获得内在的持久驱动力。

驱动用户下载和使用产品的动力不是在于给了多少物质奖励，基于优惠券和

---

① 《微交互：细节设计成就卓越产品》，[美]Dan Saffer，Don Norman 著，李松峰译，人民邮电出版社。

纯价格优势的产品一旦不再提供这些奖励了，用户极易流失。奖励会使用户上瘾，但奖励的刺激作用会非常短暂，因为用户会把这种奖励看作常态，一旦不再提供了，抛弃产品的倾向会更加明显。所以，让用户获得内在的持久驱动力要满足用户的内在需求，自我决定理论认为人类有三种内在需求：能力（Competence）的需求、自主性（Autonomy）的需求和归属（Relatedness）的需求。让用户能够掌控产品、让用户找到在产品中的归属感、让用户感兴趣产品并持续取得进步，才能让用户获得内在的持久驱动力。

 小 结

帮助用户成就卓越首先需要我们转变视角，将打造好产品转变为打造好用户，将产品和竞争对手的产品比较转变为让我们的用户表现优于竞争对手的用户。之后，我们运用以下方法，进一步帮助用户成就卓越：

1. 先让一小部分用户成为卓越用户；

2. 简洁的工具对应更加聚焦的应用场景；

3. 关注产品使用后的体验，帮助用户跨越入门，进入心流，迈向卓越；

4. 满足用户的内在需求，让用户获得持久驱动力。

■ 平衡企业和终端用户需求，最高效帮助客户成功——对话SAP设计经理韩梦箫

受访嘉宾：韩梦箫，SAP SuccessFactors^①上海分部产品设计经理，负责人才管理等多个模块的跨平台设计体验。2015年加入SuccessFactors，专注于数据分析与报表等模块的创新设计。2017年回国后，先后参与了原生手机平台多个模块的设计工作，后转入管理岗位建立了上海产品设计团队迎接新的挑战。本科毕业于美国迪保尔大学数学和计算机双专业，研究生毕业于密歇根大学信息学院的人机交互专业。作为多年B端产品设计师，仍为解决B端产品复杂的业务需求所着迷，享受化繁为简的快乐，希望继续以产品设计师的思维和视角发现与拥抱世界的美。

笔者：你负责过的工作有哪些？

梦箫：我初入职场就进入了SAP旗下的一家专攻于HR领域解决方案的公司，叫作SuccessFactors，办公地点是旧金山。我负责数据分析和报表模块（Analytics & Reporting），服务对象有各个级别的经理和人力资源分析师。我们设计的产品帮助企业里的不同角色在不同业务模块下进行员工数据的分析、呈现和预测。我们还有幸与微软Surface Pro团队合作，在Surface Pro设备上进行员工数据可视化设计的创新。

回国后，我逐渐转变成管理者角色，目前负责5人的小团队。我们在支持手机业务的同时，也会跟进本地其他模块业务的需求，并且带领SuccessFactors从HCM（Human Capital Management）转变成HXM（Human Experience Management）。我们负责的业务模块主要覆盖人才管理这部分，由目标管理、绩效评估、持续性绩效管理等模块构成。我们重新研究用户需求在企业里的变化，不仅尝试去优化，

---

① SAP（思爱普）创立于1972年，是全球领先的企业软件供应商，定义了ERP的标准。旗下产品SuccessFactors致力于打造一套智能高效多元化的人力资源解决方案，以人为本，善用员工的体验数据驱动公司业务发展。

更是去革新产品原本的形态而产生新型的人才管理模式。

笔者：工作中常用的用户研究方法是哪这些？

梦箫：我们做用户研究会基于不同的研究阶段和目标来选择不同的研究方法。主要分成三大类：

第一个是探索性研究（Exploratory Research）。基于初期的桌面研究会先有一个模糊的研究方向或目标，但是对于要解决的产品问题、产品需求，没有非常明确的概念。我们选择探索性研究帮助我们了解用户，通过一对一深度访谈的方式洞察业务场景，发掘用户需求和痛点。这些访谈数据可以帮助我们创造用户体验地图，逐步明确要解决的问题有哪些，怎样去拆分，是否可以被产品化；

第二种是概念验证（Concept Validation）。概念验证的研究方法运用于我们已有明确的设计挑战并产出基于假设的一些概念之后。我们会用一些可展示、可点击的低保真原型，去和终端用户进行概念验证。这一部分很重要，这项工作不仅帮助我们验证假设、明确需求，还能在一定程度上得到对于设计方向的反馈。当然，我们会根据需要验证的内容调整验证方法，例如验证设计会使用设计原型进行一对一访谈，而验证信息架构就可能会用调查问卷的形式；

最后一种是基于上一步的数据进行产品需求以及设计的迭代，之后进入细节的交互体验设计和视觉设计阶段，输出高保真设计。高保真设计全部结束后，我们会展开可用性测试确保交互体验和视觉设计的可用性。目前我们采用两种途径进行可用性测试，一种是一对一访谈，提供原型图给用户拿到反馈，另一种是使用可用性测试工具，例如 userzoom。

笔者：设计师是如何与产品经理、工程师配合协作的呢？

梦箫：产品经理跟我们的合作非常亲密无间。项目前期，大家共同定义产品方向。设计师根据产品经理提出的需求收集用户数据，帮助他们明确方向、制定策略、产出概念设计。讨论过程中，大家不会拘泥于自身的岗位角色，例如设计师会思考产品定位、策略以及需求，产品经理会提供设计层面的反馈，这个过程是一个共同创造的过程（co-create）。

前期工程师的参与不会像我们这么高频，但是他们会在关键节点被邀请进来讨论技术可行性，例如涉及非常规的技术需求、框架搭建和可行性评估等场景时，工程师一定会参与其中。首先他需要知道大方向需求是什么，概念层面我们要提供一个怎样的解决方案。所以不到具体的设计阶段，后端的这些讨论已经开始了，工程师需要确保在后端做搭建的时候，可以满足产品层面的需求，和设计层面的体验上的灵活性。这一部分虽然频率不是很高，但是特别关键。涉及产品层面的决策，三方都会去输出观点和建议，大家共同决定。必须出现一个决策方的时候，我们会先共同讨论，再由最终决策方敲定。

到设计师开始产出细节设计的时候，跟开发的合作频率就很高了。当我们的高保真设计完成度达到 85% 以上，需要跟开发进行设计的项目启动，这里会有个会议叫 Grooming Meeting，让他们看到所有在本次发布里的设计稿，设计师会梳理所有的交互流程图和细节的视觉设计。开发针对每一个交互流程和控件使用进行技术和时间的评估。如果遇到技术上的难题，我们需要共同讨论优劣势，提出折中方案，此时产品经理也会加入进来参与讨论。

最后对于开发出来的产品，无论是视觉还是交互层面，我们会做一层质量认证（Quality Assurance），确保开发出来的产品和交付的设计稿是完全一致的，如果有不一致，需要进行修正或者记录原因以及修补的时间。从用户体验层面当我们签字后，这一阶段的开发工作就画上了一个句号。

笔者：用户体验设计师在企业服务软件中发挥了什么样的独占性作用？

梦箫：作为用户体验设计师或产品设计师，我们直面用户、替用户发声，运用专业的研究和设计方法，解决用户痛点；我们帮助产品经理定义问题，将一个模糊的方向持续具象化。

客户提出的需求可能不是问题的源头所在，我们要帮助他们去发现问题的根本，再去拆解问题，最后产出一个能解决业务需求或痛点的方案，帮助客户和我们的合作方过滤"杂音"。

笔者：作为 UX 设计师你是如何帮助客户成功的呢？

梦箫：我想从 3 个角度拆分这个问题：

一是在不同设计目标下寻找平衡点，我们设计的产品是一套 HR 解决方案，除了需要综合考量产品策略和设计规范，还需要平衡企业业务层面的需求和终端用户的体验需求，能够平衡二者的最优方案，是可以最高效帮助客户成功的。

二是通过专业的方法获得用户的声音。当我们确定产品的定位和策略之后，在创造产品的交互设计和体验的过程中，我们希望在每一个关键的节点都能得到客户的反馈。我们的工作在产品上线之后会持续进行，一方面是开展下一个发布的设计工作，另一方面则是跟随着客户使用产品之后的反馈和他们新的需求对产品进行不断地优化。我们有一个叫 Design Advisor Group 的团体，这个团体是由客户自愿报名参加的，每个公司都会有客户代表。客户代表有不同的角色，有的是公司的 HR、管理员或者高层的经理，他们熟悉自己公司对于 HR 解决方案的需求、眼前遇到的困难等。借由这个团体，我们时而带着新的概念和设计展示给他们获得一些即时反馈，时而和他们组成共同创新的小组，通过和他们开展诸如像设计思维工作坊的形式的活动，邀请他们和我们一起针对业务上的设计挑战进行共创。我们一方面是希望通过他们的声音验证一些需求、假设与概念，另一方面则是提供一个平台让他们参与到产品创作中来，输出自己的需求和想法。这也是我们通过主动靠近客户，带领客户讨论和分享，最终帮助他们成功的一个方式。

第三点可能比较细节，虽然我们是一个 B 端的产品，以前我们通常是通过一对一地跟客户访谈的方式获得对于产品上线后的反馈，但后来我们发现 B 端产品其实是服务于公司中的每一个员工的，从这个角度我们其实也有点类似 C 端产品。所以一年半之前我们的产品经理和工程师合作建立了一套数据分析系统，通过基于业务和体验需求的埋点技术进行用户行为分析。我们希望通过这个系统，以数据驱动的方式更直观地抓取用户需求和用户行为，通过分析这些数据进行更主动的迭代。这是我们还在探索的一个方法。

最后，除了通过设计流程产出设计方案以外，设计师的发现问题解决问题的能力，也就是设计思维，也是设计师角色的价值之一，是能够帮助客户成功的工具。当在合作和服务过程中推行这一套思考方法，不断影响我们的客户以及合作伙伴的时候，潜移默化间我们会发现合作方也会慢慢转变他们看待问题的角度。所以设计师本身的价值不单单是要做一个特别好的设计，通过传播这套思维方式产生的影响力可能更大，它会赋予更多人以设计思维的视角去发现问题、探索问题和解决问题。

笔者：在招人的时候，会看重体验设计师的什么特质呢？

梦萧：一要看招聘什么级别的设计师；二要看团队组建时，期待设计师可以提供什么技能点作为团队的补充。

对于新手设计师，我们看重关注完成设计的能力。例如从项目的前期至后期能否很好地理解和应用相关的方法论。我不会过多关注项目的影响力，即便是非常不起眼的项目，只要能看到设计师应用了专业的方法，交付高质量的设计，具备设计交互思维和视觉呈现的能力就非常足够。如果还有其他方面的潜力，例如做研究、策略性的思考、发现和解决问题的能力，会非常加分。

再往上发展，我们会关注设计思维和解决问题的能力。交付设计是一项基础必备的技能，我们更希望看到设计师解决复杂问题的能力，例如怎样去剖析问题、产出解决方案等逻辑思路的呈现。在实际的设计过程中，大家肯定都会遇到困难，面对这些阻碍如何去平衡技能壁垒和体验，如何在限制条件面前提供一个最优方案，也非常重要。

对于资深级别的设计师，我们会更加专注设计影响力、推进重大项目时的策略思考能力和团队协作能力，还很重要的就是带团队的能力。在一个设计项目或产品研发项目中，没有人单打独斗，总会需要其他角色的协助。当和新手设计师合作的时候，是否愿意分享从而能够帮助年轻设计师成长也是我很关注的一点。

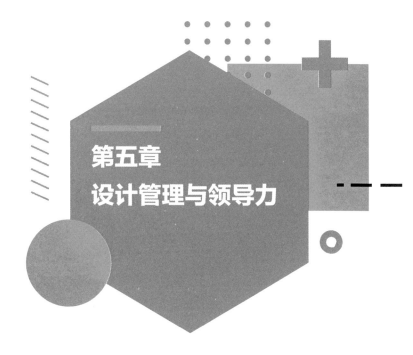

第五章
设计管理与领导力

为什么每个人都要理解公司业务？

如何高效地组织设计讨论会？

如何制定统一的设计标准？

如何招募体验设计师？

如何构建体验设计知识体系和能力框架？

■ 为什么每个人都要理解公司业务？

如果你是公司管理者，理解公司业务自不必说，但是你是否将公司的文化、业务方向、战略方向有效地传达给了你的下属们呢？

如果你是设计领导，熟悉并推进公司的设计任务是你的本职工作，但是你是否洞悉你分配的任务是如何与公司市场战略、产品战略、甚至人才战略相辅相成的呢？

如果你是执行层，把你当下的任务完成好是基础要求，但是你是否理解你的任务和整个公司的产品设计是如何组成的呢？为什么让你做这项任务呢？

风靡科技界的《奈飞文化手册》里强调"如果能够很好地理解公司的业务，高绩效者就能够更好地工作。"奈飞认为，如果选一门课向全公司讲授，无论学员是不是管理者，都会选公司业务和客户服务的基础知识。[①]

我非常认同这一点，因此在每次产品需求讨论会前都会先把这次迭代的目标、背后的动机、如何优化客户体验与营收等，与设计开发团队对齐，不会让研发团队感觉为了迭代某个功能而迭代，也常常邀请业务团队参与前期的需求讨论和设计评审，让设计和开发的返工成本降到最低。科技公司常常强调员工个体的主观能动性和主人翁意识，所以产品策略或者是一个小需求的改动，如果不被理解，只是被动地指派，常常会造成不同部门之间的矛盾、开发延期、员工体验差等问题。另外，在需求前期做这样的工作，还常常会促进不同部门之间的思维碰撞，可以创造出更加优化用户体验的产品。

坦诚透明的交流除了可以促进团队成员更好地理解业务之外，对于新人理解

---

① 《奈飞文化手册》（*Netflix-Building A Culture of Freedom and Responsibility*）由奈飞前首席人才官帕蒂·麦考德（Patty McCord）著，发表在网络上后，下载超过 1500 万次，被 Meta（原名为 Facebook）首席运营官雪莉·桑德伯格（Sheryl Sandberg）誉为"硅谷最重要的文件"。

公司业务也是非常重要的。我在我的团队中实行了"新手入职通关测试题"的方法，将企业文化和业务大方向拆解成了若干选择题，供新人入职的时候做。在测试题开始的时候，会告诉新人这不是考试，不会对他们的作答进行记录和打分，通关测试题旨在帮助他们快速了解公司业务、文化以及各部门如何协作。

通关测试题分为两个阶段，第一阶段是有关公司详情的一些介绍测试题，第二部分是针对不同部门的题目，在每个题目后会告诉他们选项为什么正确，以此给出解释并加强印象，如图5.1所示。例如，下面是设计部的其中一个题目：

当设计领导反馈我不认同时，我应该：

a.把领导的意见当作要求，因为他们水平高，经验丰富。

b.和领导充分探讨设计，把意见当作建议。

c.先应下来，自己做一版按领导意见的作品，再做一版按自己想法的，说服领导采用自己的方案。

图 5.1　新人通关测试题

在我的团队中，这个选项是 B。解释是：希望设计师们能虚心听取建议，但是同时也可以进行独立批判性思考，当然也要注重效率。

这套新手通关题可以帮助新人快速适应团队文化氛围和节奏，这套题目的入口还在员工系统中保留，叫作"回炉再造"，可以供员工再拿来重温。设计团队非常需要这样的一套题，因为这不仅是让新人了解团队文化，还可以将团队协作的一些准则提前对齐，在科技行业这样人才相对高流行性的行业中，提升效率。

值得注意的是，当我刚刚引入这套机制时（当然随着业务的发展，题目本身也进行过迭代），把这套题给已经在职的团队小伙伴们做，竟然不少人反应"有点难"！可见无论多么倡导透明、双向沟通的企业文化，每个人对业务、产品和协作的理解偏差也会比想象得多。

有一个现象经常在互联网科技公司中出现，就是开发团队认为自己的自主性差，做什么总要听产品经理或设计师的；而设计师总觉得自己的任务经常被业务同事所左右，牺牲了自己认为好的用户体验；而业务团队也很委屈，认为自己的需求常常被推迟，开发团队还经常说"做不了"，否定业务方的需求。这个时候除了需要一个有能力的产品经理平衡各方关系、梳理产品需求和优先级之外，设计师应该要有什么样的意识和心态呢？

不论是什么职级，设计师都更应该具备高层视角，试想一个设计产品是与用户直接交互界面的人，无法讲清楚公司的业务、策略等，设计出的产品该多么与用户脱节，或是照猫画虎（想想那些用户界面神似的应用们吧！）。我相信几乎每个用户体验设计师都会把以用户为中心作为自己工作的核心，但是一个人、一个公司的精力与资源是有限的，在工作中过于强调"极致"反而是对优先级排序的一种偷懒。我常常看到一些设计师在一些细枝末节的问题上纠结，却把最能改善用户体验的核心需求放在一旁。在敏捷开发中做到重视用户体验，就是要对自己的任务清单的优先级有概念。那么，如何对自己的工作任务优先级有概念？这就来源于对业务的理解和用户洞察。在行业中最成功的那批设计师，都是对设计是如何影响商业和设计在组织中的价值有着深刻理解的人。

有不少设计师常常抱怨自己的工作话语权低，晋升路径窄，需求的提出有产品经理，需求的实现有开发工程师，自己似乎可替代性高。如果你也有过类似的想法，是否想过，自己说话为什么没人听呢？与其强调用户体验设计的专业性，不如在全会或业务会上多聆听，一个优秀的产品如果无法持续产生商业上的盈利，也很难成功，因此要从业务角度提出让你的同事能够信服的"最优解"。

再进一步，业务部门的人是与用户直接接触的人，研究员是深入研究用户和市场的人，设计师似乎是"二手信息"，但是如果能建立起用户心理模型，创新地"解决设计挑战"而不是被动地"处理用户需求"，解决设计挑战的能力就会更上一层楼。

当设计师既能从专业的角度设计产品，又能从业务的角度理解公司运营的一套逻辑，就离晋升不远了。当设计师既能有过硬的专业能力，又能理解产品或服务持续运营的商业逻辑，还能从"用户的本质"出发，就会是一个相当优秀的行业专家。

小结

1. 建立透明的企业文化需要团队里每个人的努力，管理者要确保公司的业务和策略向下做了足够的宣导；基层员工也要有从公司角度看待事物的能力；设计师们要从业务角度理解设计，从而找到用户体验和商业成功上的平衡，同时水到渠成地获得事业上的成功。

2. 无论项目大小，理解业务需求和目标都很重要，不要怕在这里费时间！

3. 培养新人是建设团队的重要一步，"通关测试题"是一种不错的选择。

■ 如何组织一次高效的设计讨论会？

产品设计冲刺的成功往下拆解是一次次成功的集体会议，那么如何让每次集体会议高效、顺畅、有创造性呢？（注：这里的"设计讨论会"概念相对宽泛，指一切和产品研究设计相关的会议，如产品可行性研究讨论会、产品设计工作坊、产品设计方案评审会议等，因为也没有必要对集体讨论的类型下严格定义。本章的主要侧重点是设计管理与领导力，而让设计工作坊更加有创造力，可以采取很多方法，具体可以参考本书第三章的内容。）

（1）一次会议也是一种用户体验设计。

你是否也在没有窗户的密闭会议室中待过，是否感觉不能坚持很长时间？或是开了半天的会议，争吵不休，最后没有达成什么确定的结论？又或是似乎在头脑风暴中冒出了不少好点子，但是最后一个也没用上？

很可能的原因就是你没有设计好"设计讨论会"。设计产品的人应当把工作流程都当作一次用户体验流程的设计练习，在设计讨论会中，掌握一些技巧能让整个设计讨论会更加流畅：

● 选择正确的会议空间。

首先是会议室的大小，会议室过大会无形中拉大参会者们的社交距离，从心理上增加了生疏的感觉，可能导致交流不是很顺畅。过大的会议室也容易让人游离在会议节奏之外，被手机或者笔记本电脑里弹出来的信息吸引注意，因为缺乏"旁观者的监督"。而过小的会议室则会让人憋闷，或是大家都靠得太近，产生不舒服的社交距离，使参会者转移了注意力。所以，在会议室的大小选择上，让参会者们均匀分散在会议室的空间时，保持1米左右的社交距离相对较好。

根据会议的方向和主题不同，会议空间能够提供的设备也应该纳入考虑范围。

如果是以头脑风暴为主的会议，应该有一个大白板能让大家将便利签贴上去，因为直观的展示会很有帮助，让参会者可以相对自由地走动，选择站或坐都可以的家具安排，也是激发灵感的好辅助；如果是产品设计评审会，那么有一个连接顺畅的电视大屏或投影，会让大家看得更清楚。

会议空间是否有窗、窗户朝向等因素也会有一定影响，有条件的时候，有窗的房间可以让人更长时间地停留而不感到烦闷；有透明玻璃对外的空间对于无窗的房间是一种妥协的选择，但是可能会吸引参会者一部分的视线和注意力，所以拉上百叶窗或者使用电容玻璃也会增强参会者的专注度。

● 控制参加对象与人数。

在"如何引导高效的产品迭代"中我们讲到需要清晰团队内部的利益相关者地图，那么设计讨论会中也只需邀请利益相关者参加，关联较小的同事的参加对他们来说也是一种时间的浪费，但如果利益相关者不齐的话，可能会缺失某一方面的利益相关者的声音，拖慢产品迭代的速度。

如果真的无法完全协调时间，考虑远程视频会议也比一直拖延要好得多。大部分人在现场，少部分人远程会议时，要注意远程的人数最好大于一个人，不然那个远程的人很容易被忘记，另外邀请远程会议的人进行视频会议也会比进行语音会议的效率要好得多。

（2）优化流程并在会议初期对齐目标。

产品设计迭代需要有目标，会议也同样需要有目标。在会议刚开始时，开宗明义，对齐会议目标以及结束后应该要达成的结果，十分重要，这样与会者会对会议的节奏和成果有相应的期待。会议的开头可以是：

"今天我们的主题是xxx，我们先会用5分钟来重温问题背景，接下来20分钟是头脑风暴，剩下的十分钟用来总结结果，最后5分钟产出结论。"

当然并不一定需要遵循这样的结构，但是在会议开头对会议流程进行规划和同步，对于产出高效的会议成果至关重要。

知名线上视频会议产品zoom提供的免费版视频会议时长是40分钟，zoom

的 CEO 袁征曾对此回应说："据我观察，超过 40 分钟的会议就开始变得无效，40 分钟以内的会议是个合理的时长。"至于是不是超过 40 分钟，会议效率就开始变得低下还有待论证，但是过长的会议会导致人的精力不集中、效率变低确实是事实。传统课堂的一节课时间设置在 45 分钟左右，同样地，在我联合创办的设计教育平台上，经过多年数据总结，发现即便不限制老师和学生一对一上课的时长，一节课的平均时长仍然是 45 分钟。另外，在会议中，我们当然希望与会者可以尽可能地专注在会议内容上，但是过长的会议会使与会者不禁想自己的那些繁重的工作有没有完成，而且电脑屏幕上跳出的邮件消息提醒总会打扰到大家的专注度。

所以单个会议保持在一小时之内是比较好的，如果确实需要较长的时间，那么请将复杂的问题拆分，让每个与会者在这段时间里都可以保持专注，并取得阶段性成果。

（3）做好会议备忘录。

对于会议的组织者来说，做好会议记录是和开好这个会议同等重要，会议备忘录是对会议成果的一种保护。无论在会议结束时感觉对会议上的要点有多的清晰，过两天很可能你的记忆已经七零八落，在这样的情况下，怎么可能无遗漏地开展工作呢？

还有一点就是，产品设计相关的内容是非常细节导向的，小小的记忆偏差也可能导致全然不同的产品设计结果，而且并不是每个人对会上所达成的产品设计细节的理解完全一致，因此落到书面并让团队成员确认，可以在当下消除误会，在未来出现不一致的情况也可以有记录可以追溯。如果你的会议是和客户一起进行的，那么会议纪要就会更加重要，整理会议内容、得出结论并发给客户确认，是必不可少的一环，我已经见过太多由于记忆偏差导致需求反复的事情了。

组织高效的设计讨论会，需要：

1. 从会议室的空间选择、家具安排、参会人选择上下功夫；

2. 开宗明义，对齐会议目标，优化会议流程；

3. 拆解复杂问题，单个会议不超过一个小时；

4. 让每个与会者都在会议中专注并有所得；

5. 达成会议成果，会议备忘录至关重要。

如何制定统一的设计标准？

当设计团队人数只有两三个，甚至只有你自己的时候，制定统一的设计系统似乎显得没必要，但是当你的设计团队发展到五人以上，出现了设计语言不统一的时候，就该考虑引入相应规范的组件、字体、间距、图标系统、颜色等了。等到产品已经上市、用户规模逐渐增加时，符合品牌特征、能够体现产品设计哲学的设计规范体系就应该诞生了。

由上述顺序，可以发现设计系统的发展顺序也是一个逐渐迭代至复杂完善的版本的过程，快速迭代可以说是互联网科技行业的基因。

1. 初级版本的设计系统

具备基础要素，适合小型团队。

初级版本的设计系统更像是样式规范（Style Guide），关注 UI 样式的统一和连贯，主要针对各个 UI 要素进行统一规定，包含的要素包括但不限于：

● 字体样式（Typography）

字体样式是信息呈现的一个重要方面，通过对不同层级信息的字体的大小、字重、颜色、行间距等的调节，可以将相关信息进行强化或者弱化。

● 颜色（Color）

颜色可能是最直观地体现产品风格的要素，颜色系统由主要颜色及其变体、次要颜色及其变体、附加颜色（如背景、浮层、错误提示等）组成，如图 5.2 所示。

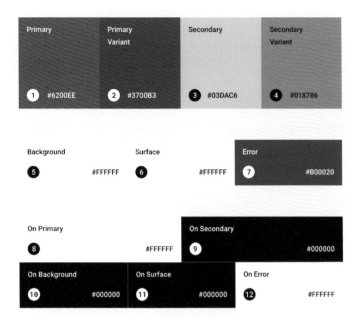

图 5.2　Material Design 基准颜色主题[1]

● 排版（Layout）

提到排版，最先想到的方面是间距（Spacing），通过栅格系统（Grid System）进行信息的排版和统一。[2] 不过除了间距，排版还应该考虑像素密度、响应式排版等，如图 5.3 所示。

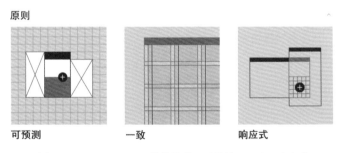

图 5.3　Material Design 排版原则：可预测、一致、响应式

---

①　Material Design 是谷歌出品的一套设计语言体系。图片来源：Material Design 网站。

②　推荐平面排版设计的经典著作《平面设计中的网格系统》，[瑞士] 约瑟夫·米勒，布罗克曼著，徐宸熹，张鹏宇译。这本书是 20 世纪 70 年代问世的，当时还没有出现用户界面设计这样的门类，但是其中的版式设计原则对于 UI 设计师仍然至关重要，尤其当下有大量 UI 设计师并非具备平面设计背景。

● 图标（Iconography）

图标之于产品，就像导视之于空间，引导一些共有的用户行为。图标需要做到简洁、几何化，不需要复杂的细节，因为往往图标所占据的面积会很小，过多的细节一是没必要，二是会转移用户注意力。

有了以上要素，初步可以做到多人协作时设计风格的统一。如果有更多的精力，也可以将下面的中级版本中提到的要素涵盖进来。如图 5.4 所示，是 Airbnb 设计系统的部分设计要素。

图 5.4　Airbnb 设计系统的部分设计要素[①]

2. 中级版本的设计系统

进阶升级，适合中级团队。

当设计团队发展到 20 人以上时，就可以称得上是一个中级团队了，走出初创团队的阶段，中级团队对于设计系统的要求会更加精细。

首先，除了初级团队已经具备的字体、颜色、排版、图标等要素之外，以下要素可以被纳入到设计系统中了：

● 产品结构（Architecture）

和产品结构相关的部分可以包括启动、登录、加载、样式、导航、设置等。

---

① 图片来源：Airbnb Design 网站。

例如，导航是指用户如何在产品中移动的，导航可以分为平行导航、向前导航、向后导航，每种导航可以对应多种样式，如 Tab 栏切换、侧边栏切换等，建立起统一的导航逻辑就像设计空间中的人群流线一样，可以使用户在产品中更加自由地移动，快速去到自己想去的地方，也能让用户避免依靠记忆操作，而是自然而然地使用产品（recognition rather than recall）。

● 动效（Motion）

动效是能够增加产品的交互性和趣味性的有力手段，动效的统一包括动效的出现效果、时长、场景等，动效的统一能使产品的个性更加完整。但是动效设计绝不是越多、产品越酷炫，就好，一定要与设计对象的属性相关，吸引目标的用户而不是让用户注意力分散，另一方面也要考虑到产品界面性能的问题。

● 声效（Sound）

声效是另外一个增加产品交互性和趣味性的手段，同时声效也辅助了界面视觉设计，承担了传递信息的作用，如在 QQ 产品中的敲门声、咳嗽声等，有好友上线是敲门声，这个延续了十几年的声效巧妙地使用了通感，在这个虚拟的社交空间中，有好友告诉你他们来了，敲敲你的门，或者咳嗽一下引起你的注意，这是腾讯的创始人马化腾录下的第一版声音[1]。优秀的声效设计是突破用户视觉界面的重要交互手段，而且随着语音交互方式的兴起，声效设计会越来越重要。

● 交互方式（Interaction）

交互方式是指产品如何回应用户某些特定行为的，交互方式需要易用、多路径和操作便捷，随着数字化的成熟，很多界面交互方式已经成熟，如对着图片两指划开或回缩是对图片的放大或缩小，这些常用的操作已经被广泛接受，最好不要在这些地方"创新"，除非有很强的依据，否则反而对用户造成困扰。例如，当前在全世界范围内使用的 QWERTY 键盘布局是在 19 世纪被发明的，当时还是机械键盘的打字机很容易因为打字速度过快而卡住，所以为了避免故障而将键盘顺序打乱，不合理的布局减慢了打字的速度，虽然后来发明了更加合理的 DVORAK 键盘和 MALT 键盘，但是 QWERTY 键盘目前仍然是世界范围内使用得最广泛的键盘布局形式，因为人们已经习惯了 QWERTY 键盘。

---

① 《腾讯传》，吴晓波著，浙江大学出版社。

当然，随着技术的进步，更多的交互方式也在被创造，行业标准和规范也在被一步步地制定中，如语音交互规范，VR/AR 交互规范等，下一代的交互方式也在探索之中。

● 控件（Controls）

控件包括按钮、标签、滑块、选择器等。

当然，设计团队可以根据实际情况继续制定更加详细的设计规范体系，以涵盖更多的内容。

3. 高级版本的设计系统

适合大型团队。

当视觉和基本交互层面做到统一之后，就可以考虑更加高层的设计内容了。如果说前面的阶段更多是"物质基础"层面，那么大型团队的设计系统应该上升到"精神"层面。

首先是品牌，可能有人会说，在做第一步颜色、字体等样式规范的时候早就考虑到品牌本身了！但是品牌并不仅仅局限于摆 Logo、使用品牌色、品牌字体，更何况有些产品的品牌设计本身都亟待改进。事实上，Airbnb、Instagram、谷歌等这些世界级产品都随着产品的发展做过品牌重塑，在品牌也不断迭代的情况下，更加符合品牌定位的设计系统也需要相应跟上。品牌重塑本身对于产品也是一个非常好的 PR 事件，是趁机制造话题和提升知名度的绝好机会。像小米花了 200 万元请原研哉给 Logo 加了个圆角这种大价钱的事情，也成了一次广泛讨论和转发的营销事件，对品牌的意义就不在设计本身，而是引起的话题了，如图 5.5 所示。

其次，设计系统的制定不应该只是做到视觉方面的统一，应当能够反映产品设计背后的哲学。例如，谷歌的 Material Design 是来源于现实物理世界中纸张和卡片，Material Design 一直强调的阴影和高度，都来自这样的隐喻，在这样的思维框架下，不同产品界面的抽象层级就被比拟得物化了，设计起来思路就会更加清楚，而不仅仅是对照着系统的规定。

新　　　　　　　　　　旧

图 5.5　小米 Logo 新旧对比

当然，像 Material Design 和苹果的 Human Interface Guidelines（图 5.6）面向的是众多基于他们平台开发的产品，所以背后的思考会更加普世。对于一套完整的产品来说，搞清产品定位、面向的用户群体和产品属性就非常重要，例如 Saleforce 是全球最大的 B 端产品之一，面向的是企业用户，Saleforce 的设计系统的名字是 Lightning Design System，像闪电一样快速，Lightning Design System 的设计原则是清晰、高效、统一、美观，这与 To B 产品对效率的追求分不开，如图 5.7 所示。

Human Interface Guidelines

Get in-depth information and UI resources for designing great apps that integrate
seamlessly with Apple platforms.

macOS ›

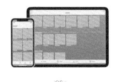

iOS ›

watchOS ›

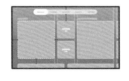

tvOS ›

图 5.6　苹果设计系统 [1]

---

[1]　图片来源：Apple Developer 网站。

Clarity

Eliminate ambiguity. Enable people to see, understand, and act
with confidence.

Efficiency

Streamline and optimize workflows. Intelligently anticipate needs
to help people work better, smarter, and faster.

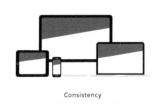

Consistency

Create familiarity and strengthen intuition by applying the same
solution to the same problem.

Beauty

Demonstrate respect for people's time and attention through
thoughtful and elegant craftsmanship.

图 5.7　Salesforce 设计系统 [①]

那么，设计负责人如何推动设计系统呢？

（1）启动和建立。

识别建立或改变设计系统的时机是设计负责人的职责，注意在建立设计系统时，除了从专业出发，也更应该推动产品、市场、业务部门的人一起来进行，听取各方意见，维护产品或服务的品牌一致性。

（2）推广和落实。

在团队贯彻设计系统是体现设计影响力的重要时刻，规则光制定不执行是没有用的，而让那么多有个性的设计师群体去遵循同样的规则，这个挑战也不小。我的经验是首先对设计系统进行充分的诠释，让设计师们充分理解设计系统背后的逻辑，其次是建立完善的组件库，方便设计师们协作共享，最后是让遵循设计

----

① 图片来源：Lightning Design System 网站。

语言体系成为设计师业务能力考核的一部分，用更加强硬的手段让大家对设计系统心存敬意。

1.根据团队规模和产品复杂度，逐步迭代设计系统，避免"全无章法"，也没必要"一步到位"；

2.好的设计系统应该符合品牌定位和调性，让产品成为一个统一、和谐、完整的个体；

3.好的设计系统是需要进行公司范围内的宣传和统一的，并与设计师的业务能力考核挂钩。

■ 如何招募体验设计师？

设计领导力的另外一个重要体现是组建团队并管理他们，使大家可以愉快高效地协作。对于设计师的招募，不同级别的设计师岗位要求不同。

（1）背景筛查。

不用多说，最能体现设计师能力的是作品集，在审阅过几千份作品集后，以下是我审查作品集的工作流，希望对大家有用。

假设这次的招聘周期为一个月，需要在此之前招到合适的设计师，无论是初级还是高级，HR可能会不断给你大量的简历，虽然他们经过了初步的筛选，但是筛选作品集和简历仍然会是一个比较耗时的工作，尤其是在招聘旺季的时候，更何况后面还需要安排面试。我的方法是先对作品集展现的能力维度及简历进行打分，如：

● 申请人的专业背景、学历、工作经历的匹配程度（40%）；

● 作品项目完整度、清晰度、是否用可视化语言表达（30%）；

● 作品项目的解决方案的创新性（25%）；

● 作品集（网站）的整体排版和阅读体验（5%）。

经过打分（有时候可能不是严格地计算分数，但是需要有一个这样的衡量标准），根据岗位开放的人数决定要面试的人数，例如同样的岗位有2个开放，那么可以安排得分最高的8个候选人进行面试，然后是得分再往后的10个人，在和人力资源同事协作时，也应当将得分高的候选人优先安排，以节省时间。一般经过这样的过程，普通岗位的设计师应当就可以招募到了，如果还是没有合适人选，就再进行一遍这样的流程。

（2）面试要问什么？

● 人力招聘

这是求职通用问题，如介绍自己、为什么想离开上一家公司、对我们公司有什么了解等，这些常见面试问题在网上都很容易查到，这里说几个在招聘设计师时关注的问题。

　　"请进行一下自我介绍，以及你有什么兴趣爱好。"

一般我会问有什么兴趣爱好，希望设计师是有个性的人，能够为公司增加多元化，这个问题很常见，但是我会针对这个人的爱好多问一步。有一次，有个候选人说她的最大爱好是看剧，我就这个问题继续追问：

　　我："你最爱看的剧集是哪部？"

　　候选人："《唐顿庄园》。"

　　我："那你觉得这部剧最大的不足是什么呢？"

　　候选人："第四季开始男主马修突然死了，感觉剧情很突兀。"

　　我："那你知道为什么剧情这么安排吗？"

　　候选人似乎有点懵，摇摇头说："不知道。"

　　我："其实是演男主的演员因为个人原因不再续约出演《唐顿庄园》了，所以编剧必须把他'写死'。"

　为什么追问这么多？这个问题和岗位似乎毫无关联，因为回答出一个爱好很简单，但是如果这个人能把自己的爱好也进行钻研，可以从侧面证明他会是一个有研究精神的人，一个日常保有好奇心和研究精神的设计师才更具备产品的创新能力。所谓爱好不需要高大上，琴棋书画之类的，看剧也可以，但是对于自己最爱的剧，剧情发生如此重大的突兀转折，不会多想一步为什么，那么怎么能指望他在工作中也多思考为什么呢？

最后在综合考虑后这个候选人没有被录取。不久，也是很巧，我遇到了一个候选人说她的爱好也是看剧，最爱的剧也是《唐顿庄园》，并直接说出了男主突然死亡的真实原因，后来的这个候选人录取了，事实证明，她是一个具备很强研究能力的人。

这里举的例子是想说我们一直强调设计师和产品经理需要关注细节，多问为什么，其实我们作为面试者，在面试过程中也需要更多地发掘候选人的细节。你还可以问：

"你对我们公司感兴趣的是什么？"

考察候选人是否对公司做过研究，如果对自己即将要花三四十分钟面试的公司都没有认真了解的话，可以直接淘汰掉了，如果能说出来一些的话，可以让候选人用一两句话讲一下公司产品的定位，看看是否准确，如果是非常知名的产品，可以问问候选人认为公司产品的竞品有哪些，我司的产品有什么差异化。

"你是如何成为 UX 设计师的？"

UX 设计师大部分都是转行的，尤其是国内，直接从人机交互专业毕业的很少，像平面设计、工业设计可以算是相关专业，还有相当一部分人是从心理学、计算机，甚至物理、数学等专业转行过来的。其实原专业背景可以是很好的对现岗位的补充，将原专业的能力和经历转化运用很有利于团队的多元化，但是他们需要讲清楚自己的职业目标。

这个时候也可以考察候选人对 UX 的热爱程度，如果只是不喜欢原专业，感觉 UX 专业转行门槛低，那就很没有说服力，没有工作的热情，很难想象候选人能创造出有意思的产品。

● 行为问题

"你在上一份工作中最骄傲的事情是什么？"

"讲一段经历，说明你是如何克服挑战、成功说服你的同事或者领导的？"

"如果你的领导对你的设计方案不认可，你会怎么办？"

"你是如何与团队协作的？"

"可以讲讲你失败的例子吗？"

"你的工作已经接近尾声，但是需求变更了，你会有什么反应？"

"描述一次你突破自己的专业门槛，做到了一些超出你能力范围的事情。"

"给你分配的设计任务你不认可，你会怎么办？"

……

这些问题的考察关键点在于候选人是否可以讲出经历中的细节，考察候选人面对挑战时的处理方式；如何克服挑战；失败后又是否复盘；是否以成熟的职场人的态度去面对需求的变更；有没有努力在合理限度内发挥自己的设计影响力。

● 专业技能

"你是如何上手一个陌生的设计项目的？"

"你做过人物角色建模吗？需要注意什么？"

"详细说说你的设计流程。"

"你做过什么用户测试？"

"我看你参与过 xx 功能的设计，这个功能后来的用户反馈如何？"

"现在将会为某网站设计一个表单，你会如何设计？"

"让你优化机场星巴克的自助点餐流程，你会如何设计？"

"设计一个全新的产品和一个已有的产品，你认为有什么区别？"

"你如何寻找灵感？"

"你的设计原则是什么？"

"你是否维护、参与制定或制定过设计语言？"

"你是如何评估你的任务优先级的？"

"你如何给你奶奶解释什么是用户体验？"

"如果让你改进我们公司产品的一个功能，你会改进哪个？"

……

专业技能的考察是从专业维度考察候选人是否具备相应的设计能力；是否有

研究能力和验证设计的能力；是否关注设计的上下游的协同；是否积极学习进步；是否具备一定的设计方法论知识；是否能够高效地处理设计任务等。

如果候选人通过了上述的面试，成为了团队中的一员，在试用期中，你需要考核什么？

最重要的当然是专业技能，专业能力是否胜任岗位职责要求，沟通协作是否顺畅。在这里，我想强调的是作为设计领导人，应当如何给予反馈。《奈飞文化手册》里提到："管理者越是花更多的时间去详尽、透彻地沟通亟待完成的工作任务、面临的挑战以及竞争环境，那些政策、审批和激励措施就越不重要。"尤其对于新员工，需要及时告知其岗位表现非常重要，这样他们可以更快地进入工作状态，了解自己的表现如何以便尽快调整适应。

设计团队的持续建设也是设计领导人的重要工作内容，专业建设可以让团队内部形成良好的氛围，不论设计任务有多繁重（工作中哪有轻松的时刻呢？），每周的分享会应当坚持，并且固定时间，形成习惯，让设计团队分享这周看到的好设计、好文章、自己的设计感悟都可以，加强设计师之间的沟通，互通有无，除了可以增强团队成员的专业能力，也可以让大家感受到这是一个富有活力的团队，进而再进一步促进效率。

团队建设也要有氛围建设，抛开工作，去参观展览、做游戏，最好可以一起去旅游，在实地考察，边玩边学，既可以优化团队氛围，也可以在其中学习。

■ 如何构建知识体系和能力框架？

当职业发展进入一定阶段，成为资深设计师或产品经理的时候，主流的技能方法都已经掌握并运用熟练，不光需要探索新的设计前沿趋势，更需要逐步构建自己的知识体系和思维框架。

哈佛大学非常受欢迎的人格心学教授布赖恩·利特尔在著作《突破天性》中提到：

> "你用来理解世界的视角或框架越多，适应性便越强。建构太少或建构没有得到充分证实便会造成问题，尤其是当生活快速运转，而你想试图理解它时，你的建构就可能会束缚你，使你的生活无法像原本应该的那样顺利。"

而在五大人格特质中（如图 5.8 所示），关于开放性特质的描述如下：

图 5.8　五大人格特质①

---

① 五大人格量表反映了人格研究者的共识，那就是人格虽然千差万别，但都可以被归结为五大因素，即尽责性（Conscientiousness）、宜人性（Agreeableness）、神经质（Neuroticism，即情绪稳定性）、开放性（Openness）和外倾性（Extraversion），有时用首字母缩略词 CANOE 表示。

"开放的人往往对艺术与文化感兴趣，偏爱奇异的味道和气味，具有更加复杂的建构世界的方式。而封闭的人则往往抗拒尝试新事物，安于例行公事，对奇异的事物毫无兴趣，也不愿去尝试。"

构建可变的知识体系首先要构建灵活开放的人生观，以更多的视角看待事物、拥抱变化是适应飞速发展的科技行业的主要先决条件。在产品开发过程中，多变的用户视角、更改的产品需求、频繁地迭代，是产品设计中会遇到的常态，只有首先以积极灵活的态度去面对才会更加持续地发展。同时，还需要积极发挥自己的开放性特质。

信息时代，最宝贵的是信息，最不缺乏的也是信息，重要的事情不再是信息本身，而是获取信息的能力和找到信息之间关联性的能力，构建可扩充的知识体系需要构建知识的信息架构，把知识的建构想象成网站的导航设计，知识内容就可以归纳到相应位置，便于获取。大脑的认知资源是非常有限的，在确认需要这些知识之前，事实性和过程性的知识其实我们并不需要，因为它会占用大量的大脑空间，我们应该把宝贵的认知资源放在更有价值的知识结构上面。这和我们之前讲过的"启发式评估"里的"认知好过记忆"的原则有异曲同工之妙。

对于产品设计的知识构建，注意一定不是只关注产品设计本身，这个很多人已经有共识了，因为商业、财务、市场、管理、心理学等，也在深刻地影响着我们的产品决策，所以需要积极地触类旁通，在做创新的时候，用第一性原理[①]思考问题，而不是局限在自己的专业本身，才会突破自己的局限。

Meta（原名为 Facebook）的设计副总裁 Julie Zhuo 描绘了产品设计师的职业路径：

● 执行阶段：熟练运用工具设计清晰美观的界面；

● 计思维阶段：了解什么是好的产出，以及通过怎样的用户体验设计可以产生好的产出；

● 影响力阶段：清晰的沟通能力和合作能力。

---

① 第一性原理（First Principle）源自古希腊哲学家亚里士多德的观点："每个系统中存在一个最基本的命题，它不能被违背或删除。"第一性原理概念这几年非常流行，主要因为特斯拉创始人埃隆·马斯克的大力推崇。

小 结

　　1. 构建可变的知识体系，首先要构建灵活开放的人生观；

　　2. 构建可扩充的知识体系，需要知道认知比记忆重要，建立知识的信息架构，以此导航；

　　3. 构建创新的知识体系，需要运用第一性原则，并触类旁通其他领域的知识。

发挥设计领导力——对话福特汽车创新和设计实验室资深经理孟夏

受访嘉宾：孟夏，福特汽车创新和设计实验室资深经理，曾任花旗银行用户体验与研究部门负责人、惠普设计经理等，西安电子科技大学工业设计本科，东华大学产品设计硕士。目前工作和生活于上海。

笔者：可以给读者介绍一下你的教育和工作经历吗？

孟夏：我 2002 年进入西安电子科技大学，学习工业设计，研究生进入上海东华大学学习产品设计。iPhone 3 和智能安卓手机的问世，让我逐渐意识到大家的关注点已不再是电子设备的外观，反而是系统与界面，从那时起，我也对数字界面更感兴趣。

当时，我的实习期是在一家由韩国教授开设的设计研究所内做趋势研究，主要方向是未来智能电视和智能手机的用户体验，研究工作相对偏前期，以用户洞察为主。正式工作后我进入惠普的体验软件部门，这是一个新成立的部门，总部在美国的 Palo Alto，另外一个办公地是在上海，主要是进行一些前瞻性的系统概念和产品设计。例如在当时市面上没有触屏电脑时，打造一套以触摸交互为主的操作系统等。后来也在花旗银行负责过定义其产品的数字触点策略和体验。

我现在所在的公司福特是个老牌企业，有很多自己的传承，设计方法流也是经典的瀑布流式。每一个数字化产品路线花费的时间都很久，我们规划在半年后推出一辆汽车，到正式上市，整个生命周期需要三年。

我负责的部门是数字智能网联中的创新和设计实验室，任务是设计汽车内的数字体验，包括概念和设计落地，这需要在生命周期的前两年内全部完成。但我们面临的一个重大问题是，当设计完成后，实际的应用环境变化太快，这些产出还是用户迫切需要的吗？所以福特公司也在积极做转型，把硬件和软件剥离开来。但是，二者的迭代成本迥异，软件是一个持续更新的过程；硬件的投资和调整成本高，需要有一个相对长的迭代周期。基于这些情况，我们会在周期开始前就将功能和材质规划好，让两者都相对有一个更快的响应速度。

笔者：在外企和本土互联网公司之间，你看到的工作方式差异有哪些呢？

在我看来，本土互联网公司和外企对于设计的定位和工作内容，差异非常明显。外企注重设计思维，看重的是员工从 0 到 1 设计产品的能力；而本土互联网公司，相对更看重实践经验，并基于个人经验，将其梳理成框架和标准，最终演变成一套快速复制的方法论。

本土互联网公司的优势在于实操化和规模化，即是将成功产品迅速模块化的强大能力，也就是从 1 到 N 的实践能力。本土互联网公司可以快速试错，及时调整。反观外企，相对欠缺这种反应，通常他们的组织架构比较复杂，需要多层级汇报，同时还要讲述有价值的故事，困难重重，但本土互联网公司从一个概念产生到产品落地，"关卡"不会那么多。

笔者：你认为设计团队在"硬科技"企业中可以发挥怎样的作用？

孟夏：举福特的例子，福特在计划一款新车型或规划未来 5 到 10 年的技术路径时，并不是从技术而是从用户角度出发的。我们尝试的用户洞察和体验设计，是从设计营销的角度去分析机会点，再最终给到技术团队。简单来说，团队用技术满足需求是最适宜的，设计也有自身的价值在，不过存在着一些短板。设计的短板在于没有强有力的技术支撑，会导致可行性差、甚至不可行。当你懂用户又了解需求，同时有技术能力辅助，这样的产品和设计体验是一定会走到最前列的。

技术和用户期望一定是互相影响的，因为有的时候技术会实现我们无法想象的事情，这也是开创一个新时代的可能性。对于未来的发展，用户虽重要，但是对于技术的理解同样重要。知己知彼，知道技术怎么做才能找到用户需求和科技的最佳结合点，创造出一些人们从未见过的新事物。

笔者：对于设计师晋升和发展有哪些建议呢？

孟夏：我觉得设计师有三个发展方向：

第一，希望在设计领域持续深耕，成为相关方向的专家级人员。这类设计师，建议横向拓宽自己的能力，成为"T"型人才。例如用户体验方向，需要刻意去强化些类似需求收集、用户调研、技术代码等能力，并尽力去深入不同行业，了解不同领域当中的用户体验场景，这些虽然看起来很烦琐，却是建立良好的底层逻辑，提升眼界的好方法。

第二，走管理路线，首要你要非常精通自己所在的领域，其次是向上管理、向上汇报和对外树立威信的能力，最后，对下属来说，你要能够很好地引领和指导团队，把控发展方向，才能够在管理这条路上走得更长远。

第三，有的设计师希望跳出设计本身。其实设计能帮助你接触到各行各业，在协作流程中也会建立起紧密的关系，例如说与产品经理、品牌营销、技术合作等。慢慢地，有些设计师基于合作中的认知就会想要转型。我的建议是，一定要把自己的本职工作研究清楚，且专业水平达到资深的级别后，等时机成熟时再完成角色转变。

笔者：怎么看待设计领导力的话题？

孟夏：首先，设计领导力和团队管理是两码事，如果说是针对一个团队的管理，其实会相对更易上手。当然管理设计团队，会稍微有点特殊，因为设计师都会有一些自己的小性格和不同的入行的初衷。你需要让设计师保持灵活性，不能只做一个方向，而是做一些探索，保持好奇心，可以让团队内不同设计师角色互换，让成员多多尝试，是打造T型人才。还有很多管理技巧，包括进行一些分享互动，帮助有愿景的设计师增加曝光。

设计团队的稳定性是一个要注意的问题，如果是偏向于产品细节，喜欢做落地的设计师的话，稳定性相对要好些。若是偏前期创意型的，就会差一点，所以更要让团队成员感知到自己做的事情的价值。

设计领导力这件事，坦白讲不容易做。你可以说你有你的方法、逻辑和哲学，最终向上汇报时永远会面临一个问题，就是老板说了算。这是没办法避免的，但我觉得设计师需要换一个角度去思考。老板说了算并不是主观判断设计好与不好，而是从商业角度出发，代表的是公司的商业价值，而商业价值是让设计产生价值的一个最基本的表现。

设计师在刚入行时很容易倒向用户一边，但是你需要拓宽认知，并理解商业运作。这是一个先有鸡还是先有蛋的问题，设计师首先得表现出这种专业性，然后公司才会有越来越多的信任，把你想推进的功能提到更高的一个优先级上面去，如果明白可以提供价值的机会点在哪儿，商业的价值自然可以有一个很好的转换。两边不对话沟通、互不理解是时常发生的，如果设计师只是在角落里舔舐自己的小伤口，那就失去了发挥设计影响力的机会，你需要努力让你的组织发现设计的价值。如果对此能够有一个非常理性的认知的话，我相信设计师们会走得更远，也会越来越成功。

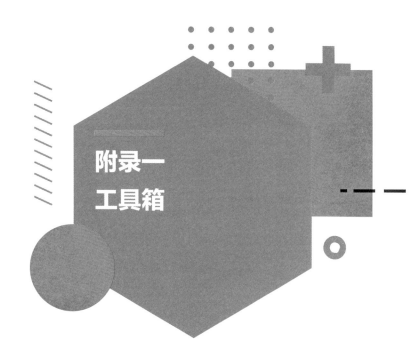

附录一
工具箱

工具箱为读者提供了工具清单，用简单通俗的语言和经验总结讲明这些"行业黑话"的意思以及运用场景，"实操性"是我撰写这个清单时最重视的性质，我看过太多"强行解释"的学术书籍，有时过于冗长，有时又太简单没有讲清，有时又太过复杂以致很少被用到，笔者结合这些年的项目与教学经验，总结了这个工具清单。

要注意，虽然本书将这些研究方法分配到了不同阶段，但是研究方法在整个设计迭代过程中并不是一刀切，可以自行选择并重新引入适当的研究方法，甚至在不同阶段重复使用同样的研究方法，例如用户故事（User Story）既可以用在研究阶段，也可以用在设计中和开发后。本书只是将常见的研究工具按对应的阶段进行了划分。

用户体验的研究方法有多种维度，比较常用和重要的维度是"定性和定量""模拟和真实环境""态度和行为"。工具箱中也对每种方法是哪种类型进行了标注。通过了解不同的研究方法维度，可以更好地掌握每种工具的属性，在恰当的阶段采取恰当的方法。

工具清单将使用服务设计经典的双钻模型（Double Diamond Model）作为设计阶段的依据。"双钻模型"是英国设计协会（British Design Council）于2005年提出并加以推广的设计流程模型，在服务设计界被广泛使用，"双钻模型"将设计过程划分为"发现、定义、发展、交付"四个阶段，如图6.1所示。

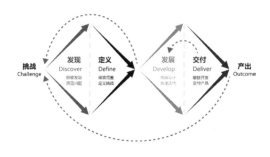

图 6.1　服务设计双钻模型

■ 发现阶段

发现阶段是设计思维的发散阶段，主张通过各种一手或二手调查方法发现问题和产品潜力，如图 6.2 所示。

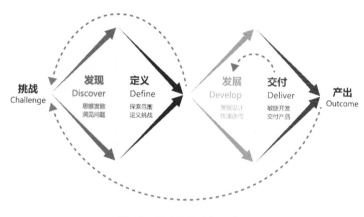

图 6.2　服务设计流程：发现

1. 桌面调查（Desk Research）

又叫"二手调查（Secondary Research）"，顾名思义，这种研究不是依靠与用户互动、实地走访得来的，而是通过研究现成的资料总结出来的。桌面调查往往发生在刚刚接触任务时，帮助我们获取全局信息，了解用户、目标和大环境。注意，桌面调查不仅仅是收集数据，更需要形成初步观点。

● 为什么用它？

快速全面地了解市场环境、文化背景与用户。

● 什么时候用它？

项目开展初期，对全局比较陌生的时候。

- 有哪些常见错误或缺点?

未设定或遵从调研目标，导致面对大量数据资料时，消耗了大量时间却得不出见解。

- 它所属的维度是?

定性/定量；模拟；态度。

2.田野调查（Field Research）

与桌面调查相对，田野调查拿到的是一手资料，是指在真实自然的环境中观察并理解目标人群是如何行动、交互的。田野调查是一系列调查方法的总和，如人口民俗探访、用户采访、直接观察等都属于田野调查的一部分。

- 为什么用它?

了解真实用户的使用场景，以期获得真实反馈和启发。

- 什么时候用它?

探索问题初期，开始设定设计范围与目标时。

- 有哪些常见错误或缺点?

（1）未明确调研目标，导致调研时无所适从，或收集的资料难以转化成结论指导下一步工作。

（2）缺点是较为耗时耗力。

- 它所属的维度是?

定性；真实；态度/行为。

3.实地访问（Field Study/Visit）

通过在用户实地、实时、实际的使用环境中观察用户的行为，了解人们的行为动机，进而发掘用户的潜在需求，最终设计出创新的产品。

● 为什么用它?

我们在设计产品时难免预先带入设计师的主观想法,或被已存在的固有产品形态限制,而用户访谈或焦点小组又带有较多主观偏见或是无法预测未来的使用场景,实地访问可以帮助我们了解真实的用户使用场景。

● 什么时候用它?

调研初期希望对真实情境进行了解时。

● 有哪些常见错误或缺点?

情境再现时间较长,且需要对细节的高度关注,否则很容易错过用户的潜在需求。

● 它所属的维度是?

定性;真实;行为。

4.情景调查(Contextual Inquiry)

以用户为中心的一种用户访谈方法,访谈是基于用户的自然使用环境或者尽量接近自然使用场景的环境中,询问、观察用户的反馈,并得出结论。强调访问者和受访人共同参与、关注细节,有"师父/学徒模式"和"合作伙伴关系"。"师父/学徒模式"是将研究员比喻成徒弟,而观察对象是师父,学徒可以提问,师父可以对关键点进行解释,但整个过程的主导是师父,可以让受访对象集中在更自然的使用过程中,从而更加突出细节;而"合作伙伴关系"是研究员与受访者一起参与"合作",从而发现工作中的细节。[①]

● 为什么用它?

通过情境化的模拟,发现更多的细节,避免主观陈述时的记忆错误或态度偏差,了解用户的真实想法、为他们真正的需要而设计。

● 什么时候用它?

① 由休·贝耶尔(Hugh Breyer)和卡伦·霍兹布拉特(Karen holzhlatt)的经典著作《情境化设计》(Contextual Design)提出。

通常在实地访问时，或者进行采访时用到，一般已有实际的使用产品。也可以贯穿整个研究、设计到评价的过程中，在探索问题的过程，访谈可以帮助你了解用户需求与反馈；在设计过程中，访谈可以帮助你了解用户的真实反应、检测你的方案；在评价过程中，用户可以为你的产品可用性给出反馈。

● 有哪些常见错误或缺点？

不要试图去验证你的假设，例如向用户提出"如果有xx功能的话，你如何看待？"这样的问题，用户给出的反馈不是基于真实的用户体验，而是他们自行分析的结果，这样就背离了获取一手反馈的初衷。

● 它所属的维度是？

定性；真实；态度。

5. 焦点小组（Focus Group）

常用的市场调研方法，与一对一的用户访谈相比，焦点小组汇集了6~8人作为一组，由主持人引导开放讨论，一般参与焦点小组的用户来自不同的文化背景，可以提供多样本意见。

● 为什么用它？

在较短时间中，获取来自多方用户群代表的意见，发掘用户需求。

● 什么时候用它？

市场调研时。

● 有哪些常见错误或缺点？

（1）受群体观点影响，用户的行为可能与其态度不一致，或者会被小组里具有雄辩能力的主导者说服，导致得出背离用户初衷的结论；

（2）焦点小组一般由专业的研究团队或交由咨询公司外包，从立项招募到报告产出，可能会花费3~6个月时间、十几万元，投入较大，产出较慢。

● 它所属的维度是？

定性；模拟；态度。

6. 问卷调查（Questionnaire）

最常用的定量研究的方法之一。可以较为快速准确地定位用户和他们的观点，并用结构化的数据方式描述其态度与偏好。经验表明，调查问卷的问题控制在 20 个左右是很安全的[①]。

● 为什么用它？

定量、低成本、结构化是问卷调查的特点，可以较为方便地掌握用户档案（Profile）、满意度（Satisfaction）、价值观（Value）。

● 什么时候用它？

一般在定性研究后。

● 有哪些常见错误或缺点？

（1）未聚焦调查目的，导致调研问题不合理；

（2）问题问法与选项设置存在诱导性、模糊性等现象，导致答案偏差或无从作答；

（3）调查问卷的问题设置与投放范围对结果的影响很大，也非常依赖于被调查对象的坦诚度和自我认知。

● 它所属的维度是？

定量；模拟；态度。

7. 竞品分析（竞争性研究）（Competitive Analysis）

非常重要的一种调研手段，通过与市场上同类产品的对比发现市场机遇与产品机会，如图 6.3 所示。注意，这里所说的竞品分析区别于传统的市场和业务部门主导的竞品分析，后者更着重于财务、市场营销、商业模式等，而产品的竞品分析则更加着重于发现产品具体功能的优劣势。

[①] 调查问卷的设计方法可以参考由 Elizabeth Goodman、Mike Kuniavsky、Andrea Moved 所著的《洞察用户体验：方法与实践（第 2 版）》（*Observing The User Experience：A Practitioner's Guide to User Research*）。

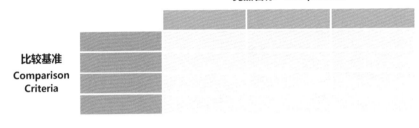

图 6.3　产品与比较基准

● 为什么用它？

定义产品所处的环境，减少设计产品时的种种假设和限制，专注于用户的态度和观点，从而发掘产品的个性。

● 什么时候用它？

创造新产品前、对已有产品或已有产品的部分功能进行重新设计前、当竞争对手做出重要迭代时。

● 有哪些常见错误或缺点？

（1）对于竞争产品的介绍只是对功能的罗列，而不是基于用户视角的产品价值的阐述；

（2）没有界定清楚竞争性研究的范围，导致罗列大量选项，却难以得出洞见，且非常耗时。

● 它所属的维度是？

定量/定性；模拟；态度。

8.民族志研究（Ethnographic Research）

民族志又叫作人种志，是人类学中的一种研究方法，主要是通过深入当地社区，与当地人观察、共同生活、交流得出的文化描述，往往要持续数月。我们实际中运用到的一般是简化版的民族志研究，通过运用桌面调查、访谈等方法进行快速、大多基于线上的综合性研究。

- 为什么用它？

  不了解设计对象的文化背景和行为习惯，研究和设计就无根基，民族志研究是我们了解用户群体的基础。

- 什么时候用它？

  整个任务进程的最初期。

- 有哪些常见错误或缺点？

  信息量很大，却不注意归纳，因此索引田野调查的记录、截图、录音等很必要。

■ 定义阶段

定义阶段是设计思维的收束阶段，主张基于研究成果定位产品亟待解决的问题与设计方向，如图6.4所示。

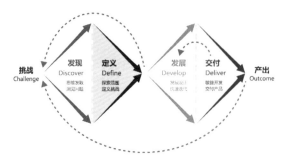

图6.4　服务设计流程：定义

1. 利益相关者地图（Stakeholder Map）

总结都有谁会影响项目的进行，直观地表现出一个项目中的相关方，以及他们是如何推动或阻挠项目的进行的，包括目标用户、决策领导、客户方执行人、相关合作方等。

● 为什么用它？

当不同职能、立场的人参与到同一个项目中时，推进项目的最好做法是了解各方的诉求，从他们的角度去解释和沟通项目，才能获得最大的支持。

● 什么时候用它？

项目开展前期，尤其在设计服务系统时。

● 有哪些常见错误或缺点？

对众多利益相关者的重要性没有做区分。

- 它所属的维度是?

  定性；模拟；态度。

2. 同理心地图（Empathy Mapping）

快速了解并归纳用户的行为和态度。基础的同理心地图由四个象限组成，分别是用户所说（SAYS）、用户所想（THINKS）、用户所做（DOES）、用户态度（FEELS），如图 6.5 所示。

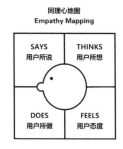

图 6.5　同理心地图

- 为什么用它?

  （1）梳理访谈结果，归纳用户需求、期待与痛点；

  （2）对齐团队目标。

- 什么时候用它?

  经常被用在设计初期，输出用户画像之前。

- 有哪些常见错误或缺点?

  （1）同理心地图并不是为了准确，而是为了快速归纳研究成果，帮助我们从用户价值角度理解产品；

  （2）人是矛盾体，同一个人的态度和行为可能会有相矛盾的地方，这些都是需要专业设计师进行专业判断的。

- 它所属的维度是?

  定量；模拟；态度。

3.用户画像/人物角色（Persona）

基于数据和广泛调研后的用户群具象化的代表，是将产品价值人格化的一种手段。用户画像应该包含可以描述一个具体人物档案的内容，包括人物的基本背景资料（如头像、名字、年龄、性别、职业、履历、喜好）、对产品或服务的期望和需求、使用产品或服务的目标、对产品的看法等，如图6.6所示。他是一个虚拟的人物，可能并不能代表全部的用户，但是能够代表最典型的用户。一个产品可以有多个人物角色，只要这些人物角色可以代表不同的用户群体即可。

图 6.6　人物角色 [①]

● 为什么用它？

　（1）对前期研究成果进行具象化总结，加深对用户的理解；

　（2）对产品设计策略形成统一共识，对齐团队目标。

● 什么时候用它？

　产品设计开展之前，或成熟产品发生重要转型改版时。

---

① 图片译自 christyallison 网站。

● 有哪些常见错误或缺点？

（1）没有基于研究，凭空捏造人物角色，有时对解决用户实际痛点的距离较远而导致没有什么指导意义，尤其是用户数据量无法支撑一个有依据的人物角色时，或者用户群体就是一个非常明确的垂直市场，用户画像已经明晰，人物角色显得用处不是很大；

（2）过度近似的人物角色；

（3）没有用人物角色指导设计；

（4）作为设计师的传统技能，人物角色一方面被广泛强调，另一方面却又容易在真实的开发过程中被忽视，所以对于人物角色的评价有些两极分化。如果单独把人物角色拿出来看确实是一种近乎主观的虚拟形象，你无法与其对话，更无法从这个"人物"口中听到用户反馈，但是我们要注意人物角色不是孤立的，在它之前是大量的研究成果，在它之后是用户故事、产品形象、交互细节等，所以人物角色仍然是一种形象方便地指导设计开发、对齐团队目标、对外市场宣传的有力手段。

● 它所属的维度是？

定性；模拟；态度。

4. JTBD（Jobs-to-be-done）

Jobs-to-be-done 是用来形容一个产品或服务是如何帮助用户完成其目标的，常用形式是"当……（情形），我想要……（动机），从而我可以……（期待的结果）"，①最初由哈佛商学院教授克莱顿·克里斯滕森（Clayton Christensen）[他也是著名的"颠覆式创新（Disruptive Innovation）"理论的提出者]提出。他通过一个经典的"奶昔案例"来解释这一理论，先从一个问题出发："为什么每天早上 8 点前快餐店的奶昔都被销售了一半"。经研究，他意识到，顾客们是想完成一个具体的工作才这样做，克莱顿将这个用户故事描绘成如下："当我开车通勤去上班时，我想吃一些不影响我开车、快速方便的食物，这样工作到中午也不

---

① 《服务设计思维》（*This is Service Design Doing*），[德]雅各布·施耐德，[奥]马克·斯迪克多恩著，江西美术出版社。

会饿。"在这个例子中，从用户期待达成的目标出发，奶昔的竞争对手不是香蕉、面包圈、咖啡，因为这些食物要么不方便吃，要么不耐饱，所以奶昔的竞争对手应该是 smoothie（果昔）。

● 为什么用它？

这些年，JTBD 的呼声很高，因为它很好地弥补了人物画像在某些方面的不足，某种程度可以替代人物画像。人物画像更注重与用户的"共情"，描述用户群体的情感特征和社交特征，但对用户的行为和动机关注不够；而 JTBD 则更直击用户需求和痛点，从用户行为角度产生洞见，因为 JTBD 更关注的是帮助用户达成目标，所以在我看来这二者更多的是互补关系，可以根据团队的实际情况和对用户数据收集的情况结合采用。

● 什么时候用它？

进行了基础的用户研究之后。

● 有哪些常见错误或缺点？

JTBD 无法像人物角色一样反应用户群体特征，只追求达成某种结果有可能会忽视用户价值，造成体验缺陷，所以应该结合用户画像进行 JTBD 的实施。

● 它所属的维度是？

定性；模拟；态度。

5. 商业模式画布（Business Model Canvas）

产品的意义在于为用户创造了价值，用户因此付费使得产品持续运营发展，商业模式画布是通过九宫格的形式分解产品的商业模式，如图 6.7 所示，九宫格包括：

①价值主张（一句话说清提供了什么产品或服务）；

②目标客户群；

③客户关系（同目标客户建立起何种关系）；

④关键活动（催生价值的业务）；

⑤成本组成；

⑥收益组成；

⑦渠道销售；

⑧关键合伙方（可能是渠道或者供应链）；

⑨关键资源（资源、人才）。

图 6.7　商业模式画布

● 为什么用它？

提升用户体验，实现商业价值，让产品策略更加可行，平衡商业利益与用户体验，为后续定位产品价值做铺垫。

● 什么时候用它？

制定产品策略之前，以期在平衡用户体验和商业目标的同时，也能提供灵活多样的策略思路。[①]

● 有哪些常见错误或缺点？

（1）商业模式画布中，每个宫格里的内容不是相互独立的，恰恰相反，九

① 也有人将商业模式画布的绘制放在产品原型阶段，更强调在原型设计后、现实中产品的商业价值探索。本书则更加强调在开始设计前，明确产品的商业价值和定位，创造更具备客户价值，并为企业创造持续营收的产品或服务。

宫格里的内容应该是相互作用以达到平衡的；

（2）商业画布可以不只有一个，也可以有多个商业模式画布以供进一步发展。

● 它所属的维度是?

定性；模拟；态度。

6. 旅程地图（Journey Mapping）

用户旅程地图是针对特定用户群、特定使用情境，对用户为完成某个任务目标而展开的一系列操作或行为进行可视化表达，如图 6.8 所示。

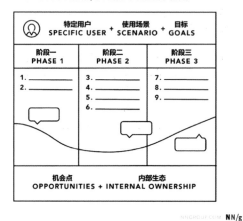

图 6.8　用户旅程地图[①]

在包含范围上，体验地图（Experience Mapping）> 旅程地图（Journey Mapping）> 服务蓝图（Service Blueprint）。

● 为什么用它?

（1）对用户使用情景进行可视化绘制，使其更加真实可感，并从中发现尚未注意到的细节；

（2）对齐团队目标，给不同人或部门分配相应任务。

---

① 　图片来源：nngroup 网站。

● 什么时候用它？

产品设计开展之前，或成熟产品发生重要转型改版时。

● 有哪些常见错误或缺点？

没有设定具体情境和用户目标，想包含的内容过于广泛，导致不聚焦，为了产出旅程地图而产出。

● 它所属的维度是？

定性；模拟；态度。

7. 服务蓝图（Service Blueprint）

服务蓝图是描绘某个用户旅程中，各服务要素（可以是过程，也可以是人）如何在各个触点联结，并产生相应的商业目标的，如图 6.9 所示。虽然服务蓝图是针对某段用户旅程，但是比起旅程地图，服务蓝图会关注到更广泛的商业价值层面。

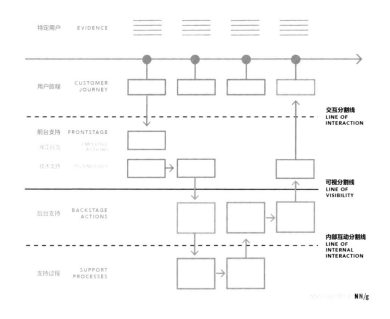

图 6.9　服务蓝图[①]

―――――――――

① 图片来源：nngroup 网站。

● 为什么用它？

更侧重于从商业成功的角度去看待服务过程，不光包含了前台的客户体验（frontstage），也包含了常常被忽视的后台运作（backstage），更能发现产品和服务的弱点，明确提供服务的各个环节应当如何衔接。

● 什么时候用它？

确定某段用户旅程之后。

● 有哪些常见错误或缺点？

试图涵盖过广的范围。服务蓝图要包含的内容的确可以很多，除了上文提到的关键要素——用户行为、前台、后台、过程，还可以包含时间、政策规范、用户态度等，试图将全部的服务都包含进来的话可能会导致这个图表过于庞大，失去其可视化的意义。

● 它所属的维度是？

定性；模拟；态度。

发展阶段

发展阶段的策略和方法是基于精准的产品定位，然而产品设计方案可以有多种，以期选择最优解，所以这个阶段又是一个设计思维发散的阶段，如图6.10所示。

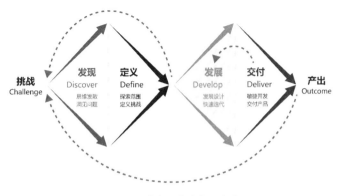

图 6.10　服务设计流程：发展

1. 用户故事（User Story）

形象直观、富有细节、带入场景地展示用户与产品的交互方式和用户的体验流程，用户故事包含很多细节，有体验的流线、产品解决的痛点以及用户的态度情绪，能够非常系统地讲清很多问题。也可将其理解为用例（Use Case）或情景（Scenario）。一个情景需要有：角色（Actor）、场景（Setting）、行动（Action）、事件（Event）、评价（Evaluation）、情节（Plot）。[1]

● 为什么用它？

故事是人类思考和交流的重要方式，用户故事不仅能够帮助设计者梳理用户需求和流程，也能帮助设计者对外讲清自己的价值主张和设计意图。

---

[1]　这里的情景组成要素由计算机科学家约翰·卡罗尔（John Carroll）提出。

- 什么时候用它？

可以用在整个设计和研发的过程中，早期的用户故事可以明确用户反馈、指出产品改进方向，中期的用户故事可以帮助团队对齐目标，开发后的用户故事可以帮助团队检验产品成果，明确下一步开发的方向。

- 有哪些常见错误或缺点？

（1）不是所有的用户故事都需要绘制，因为那将会是一个相当庞大的工作，如何选择典型的、具有指导意义的故事很重要；

（2）情景的描述不够概括，在图表中过分加入了具体界面设计。

- 它所属的维度是？

定性；模拟；态度。

2. 我们如何能（How Might We）

在了解用户情景与故事之后，我们如何能帮助到用户呢？ How Might We（简称 HMW）通过逆向思维、发挥积极影响、拆分问题等方法产生更多产品设计策略。

- 为什么用它？

一种常见的扩展思路、框定策略范围的方法。

- 什么时候用它？

希望能够产生更多的想法时。

- 有哪些常见错误或缺点？

HMW 是帮助产生想法，而不是有了想法后用 HMW 进行表达，常见的错误是因果倒置。

- 它所属的维度是？

定性；模拟；态度。

3. 故事板（Storyboard）

故事板使用分镜脚本的形式再现用户体验场景。最早在电影设计中被广泛使用，用一套具象连贯的场景再现场景流程，如图 6.11 所示。

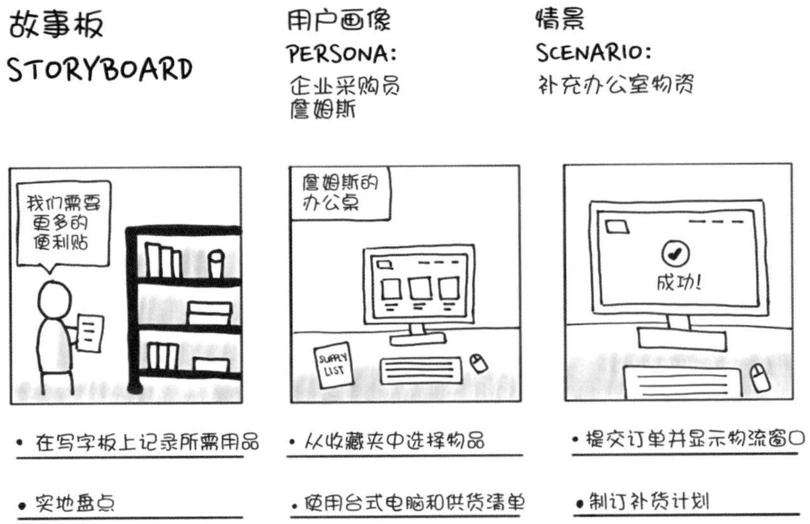

故事板
STORYBOARD
用户画像
PERSONA:
企业采购员
詹姆斯
情景
SCENARIO:
补充办公室物资
我们需要更多的便利贴
詹姆斯的办公桌
SUPPLY LIST
成功!
• 在写字板上记录所需用品
• 实地盘点
• 从收藏夹中选择物品
• 使用台式电脑和供货清单
• 提交订单并显示物流窗口
• 制订补货计划

图 6.11 故事板[①]

- 为什么用它？

在实际进入原型设计前想象产品原型将会如何运作，避免在进入高代价的开发之后才发现产品流程缺陷。

- 什么时候用它？

进入产品原型设计之前。

- 有哪些常见错误或缺点？

（1）过于注重图画的美观，耗费了大量精力，却忽视了故事板的内在核心。值得一提的是，并不是只有设计团队需要故事板，在做产品决策时，整个团队都可以用，而且尽管并不是所有人都有美术基础，但是所有人都可以在故事板上写写画画，即便是画最简单的火柴人；

① 图片来源：nngroup 网站。

（2）绘制时只注意图画而缺乏适当的标注流程，或是只有文字而缺少画面；

（3）把故事（整个原型测试）控制在 15 分钟之内，可以使团队聚焦在最核心的用户流程上。[①]

● 它所属的维度是？

定性；模拟；态度。

4. 卡片分类法（Card Sorting）

组织信息组织架构（Information Architecture）时，罗列需要整理的信息对象，将具有同样特征的信息归到相同的类目下。可分为开放式（Open）和封闭式（Closed），采用开放式卡片分类法，参与者可以将对象进行任意分类，并决定类目名称；而封闭式卡片分类法则预先指定了分类类目，参与者将对象根据自己的判断放到相对应的类目下。通常，开放式卡片分类法更常用，因为在产品设计中，卡片分类法的最大意义就是在于帮设计者解决初始化信息分类的问题。另外，卡片分类法也常用来处理头脑风暴后的内容，如图 6.12 所示。

图 6.12　卡片分类法[②]

---

① 《设计冲刺：谷歌风投如何 5 天完成产品迭代》（*Design Sprint: How to Solve Big Problems and Test New Ideas in Just Five Days*），[美] 杰克·纳普（John Knapp），[美] 约翰·泽拉茨基（John Zeratsky），[美] 布拉登·科维茨（Braden Kowitz）著。

② 图片来源：prototypr 网站。

● 为什么用它？

十分常用的信息处理方法。

● 什么时候用它？

处理产品信息组织架构时。

● 有哪些常见错误或缺点？

（1）卡片上的对象可以清晰地被分配成若干组别，而不是一群毫不相关的对象；

（2）卡片上的对象具备同样的颗粒度，例如卡片上的内容可以是鞋靴、包袋、上衣、裤装，而不是女装、上衣、裤装，因为明显女装可以是上衣和裤装的上一级信息；

（3）避免将卡片分类到"其他"，因为其他不具备指导意义，这有可能是源于参与者的偷懒行为，或者由于卡片内容设置模糊或不当所致。

● 它所属的维度是？

定性；模拟；态度。

5. 情绪板（Mood Board）

通过拼贴（Collage）和绘制（Mapping），将图片进行整理排列，能够直观地表达态度、情绪和需求，引发联想和共鸣，如图 6.13 所示，属于生成式技术（Generative techniques）。[①]

● 为什么用它？

解释一百句不如一张图，丰富的图像内容可以引发联想，表达用户的态度。情绪板选用的图片代表抽象的情绪，几何图形、颜色、联想画面都可以成为情绪板的素材库，对表达产品定位的限制小。

---

① 参考《洞察用户体验：方法与实践》，[美]Elizabeth Goodman，Mike Kuniavsky，Andrea Moed 著，刘吉坤译，清华大学出版社。

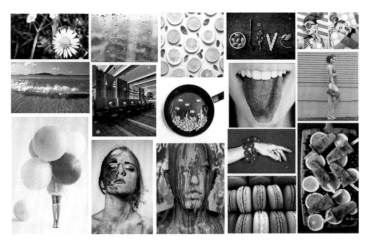

图 6.13　情绪板 [1]

● 什么时候用它?

探索产品调性定位时。

● 有哪些常见错误或缺点?

图片可以有直观的设计倾向与灵感,却无法具体指导产品设计,因为用户对同样的图片内涵解读很可能不同,设计师应当对图片指向的内涵抱有开放的态度,以防过度带入主观预测。

● 它所属的维度是?

定性;模拟;态度。

6. 原型(Prototype)

原型是产品被真正生产出来前的样子,具备基本的交互特征,但尚未被真正完整开发。根据还原度可以分为低保真原型(Low Fidelity Prototype)和高保真原型(High Fidelity Prototype);根据页面制作范围可以分为水平原型(Shallow Prototype)和垂直原型(Deep Prototype)。[2] 通常也常常被指代为最小可用原型

---

① 绘制者:Natasha Kedia。
② 水平原型是指只制作产品的首页或一级页面,这样可以一目了然地制作出产品框架和结构,一般用于新产品或较大的产品迭代;垂直原型则是针对某一功能的完整闭环,在垂直原型中可以完成整个单一功能的操作,一般用于已有产品的某个功能的改进。

（Minimum Viable Prototype，MVP）。[①]

● 为什么用它？

在投入大量资源进行真正开发或推向市场前，检验设计成果，并根据反馈改进，大大降低返工消耗的资源。

● 什么时候用它？

低保真原型可以在设计初期就引入，高保真原型则在产品策略和设计确认后绘制，高保真原型可以用来做用户访谈或可用性测试等一系列用户反馈研究方法。

● 有哪些常见错误或缺点？

（1）原型过于粗糙，对改进设计没有太大指导意义；

（2）原型过于复杂，甚至完成了完整开发，则失去了制作原型的意义，记住最小可用原型是恰好刚刚够用的程度。

7. 线框图（wireframe）

线框图就是产品界面的骨架。

● 为什么用它？

为原型设计打好"草稿"。

● 什么时候用它？

确定用户目标和设计范围之后，高保真界面设计之前。

● 有哪些常见错误或缺点？

过于精细与注重美观，这样就丧失了线框图的意义，只要比例正确，颜色、字体或具体的页面内容（例如新闻App里具体有什么新闻内容，而不是功能文案）在这个阶段都不要引入。

---

① 水平原型是指只制作产品的首页或一级页面，这样可以一目了然地制作出产品框架和结构，一般用于新产品或较大的产品迭代；垂直原型则是针对某一功能的完整闭环，在垂直原型中可以完成整个单一功能的操作，一般用于已有产品的某个功能的改进。

■ 交付阶段

这又是一个思维收束的阶段，经过前面的研究和设计发散，产品设计的版本会越来越收束、精准，在此过程中会重复利用到各种测试研究方法，甚至重复之前的设计手段，在敏捷开发的流程下，最终迭代出适合的产品或服务，如图6.14所示。

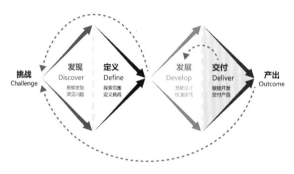

图 6.14　服务设计流程：交付

1. 可用性测试（Usability Test）

可用性测试是测试员和受访者针对产品界面的任务完成率、误操作率、态度倾向等产品可用性指标进行测试的结构化访谈。[①]

● 为什么用它？

以用户视角对产品的可用性进行直观的评价。当大数据分析已经很成熟，可以为设计者提供大量决策依据时，可用性测试可以通过跟用户的直接对话，发掘用户行为背后的原因，甚至获得新的设计灵感。

---

① 结构化访谈（Structured Interview），又叫标准化访谈（Standardised Interview），是一种定量研究方法，需预先对访谈设置统一的要求，受访者在问题内容、顺序、提问方法甚至接受测试的环境方面都是一致的。

- 什么时候用它?

在产品开发的早期、中期和后期都可以使用，但是如果过早引入，很可能产品原型并不成熟，访谈对象对于产品功能的使用过于模糊，造成结论不准确；而过晚引入，例如在开发完成后，则对当前版本的修改意义不大。

- 有哪些常见错误或缺点?

（1）由于经常被在整个产品已经开发完成后使用，导致可用性测试产生的反馈很难被实际运用到当前版本的发布中，一般最多是小修小补，等到下一版产品发布才能使用，所以应当尽可能早地引入可用性测试；

（2）避免毫无目标的测试，即让受访者完全自主使用产品功能，应当预先设置好目标和任务；

（3）受访者的选择应当聚焦到最能够代表目标用户群体的人群，而不是选择类别完全不同的人群，否则不同人群对用户体验的评价差别过大会导致测试结果没有参考价值；

（4）不必要将受访者提的意见都当作指导意见去修改，因为一般可用性测试的人数是 5 ~ 8 人，不具备统计学上的意义，倾听很重要，但是也要相信自己的专业判断。[1]

- 它所属的维度是?

定性和定量；模拟和真实环境；态度和行为。

2.眼动测试（Eye Tracking）

通过仪器跟踪受试者观看屏幕的路径与停留时长，从而得出热力图（Heat Map）和凝视路径图（Gaze Plot）。在图 6.15 的眼动测试中发现，人物配图如果带有指向性，行动召唤按钮（Call to Action Button）会更加有效。

- 为什么用它?

对已明确的界面元素进行评估，从而进一步优化 UI 元素设计。

---

[1] 有关可用性测试的方法和例子，可以参考书籍《洞察用户体验：方法与实践》，[美]Elizabeth Goodman，Mike Kuniavsky，Andrea Moed 著，以及《用户体验与可用性测试》，[日] 樽本彻也著。

● 什么时候用它？

经常在可用性测试的过程中使用。

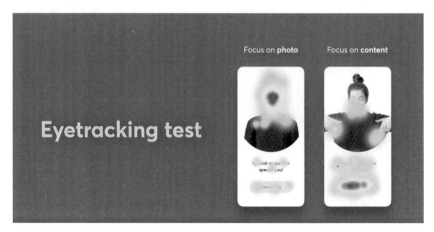

图 6.15　眼动测试 [1]

● 有哪些常见错误或缺点？

（1）设备昂贵，且噪点较多，需要大量的参与用户；

（2）未给受试用户明确的任务及目标。

● 它所属的维度是？

定量；真实环境；行为。

3. 发声思考法（Think Out Loud）

发声思考法就是让用户在使用产品的过程中把自己的想法说出来，在这个过程中可以及时看出用户对于产品的态度、在哪些地方使用不顺畅，以此作为改进产品的依据。

● 为什么用它？

可以具体了解用户对于某项设计的态度和行为，详细地了解用户的想法，改进产品设计。

---

[1]　图片来源于 cuberto 团队。

- 什么时候用它？

  进行可用性测试时。

- 有哪些常见错误或缺点？

  在用户说出自己的想法时，有不清楚的地方需要及时厘清。

- 它所属的维度是？

  定性；模拟和真实环境；态度和行为。

4. 启发式评估（Heuristic Evaluation）

一套针对产品界面及交互设计的评价方法，由 Nelson 博士提出，详见本书第三章拓展阅读。

5. A/B 测试

针对单一元素进行对照实验，例如使用同一个按钮，对 10 万个用户进行测试，5 万个用户采用方案 A——红色按钮，5 万个用户采用方案 B——绿色按钮，运行几天后，统计点击率，从而选出更优方案。当然不光是按钮颜色，标题文案、排版方式等都可以是 A/B 测试的内容。以客户关系管理软件 Highrise 为例，他们对注册页面进行了 A/B 测试，发现只是将文字从"注册并试用"改为"查看购买方案与价格"，注册量就增加了 200%[①]。

- 为什么用它？

  运用数据，客观反映用户选择，提升产品表现。

- 什么时候用它？

  一般用于灰度测试阶段的产品或正式发布的产品。

- 有哪些常见错误或缺点？

  A/B 测试的原理是基于对照实验，对照实验的核心是只有一个变量，但是往

---

① 《增长黑客：如何低成本实现爆发式成长》，[美]肖恩·埃利斯，[美]摩根·布朗著，张溪梦译，中信出版社。

往很难只有一个变量需要进行测试，对多个变量挨个进行测试的效率太低，很可能还没有测试完产品功能就要迭代了，所以会用到多元测试，计算功能有效性的概率，如图 6.16 所示。

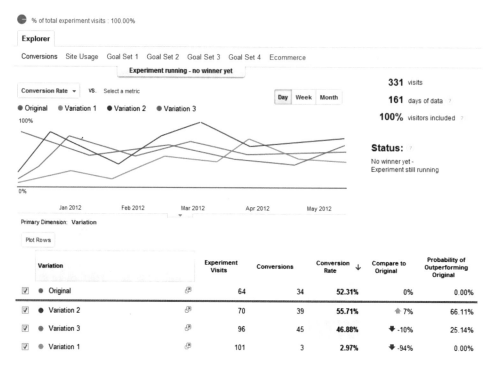

图 6.16　Google Content Experiments 界面

● 它所属的维度是?

定量；真实环境；行为。

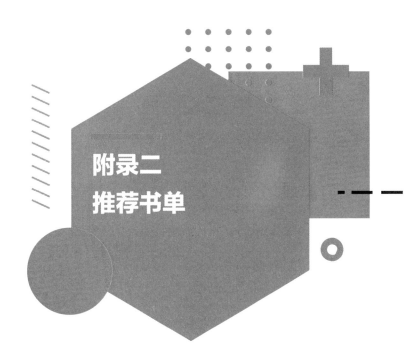

附录二
推荐书单

《设计心理学——日常的设计》，[美]唐纳德·A·诺曼著。

《设计心理学——与复杂共处》，[美]唐纳德·A·诺曼著。

《设计心理学——情感化设计》，[美]唐纳德·A·诺曼著。

《设计心理学——未来设计》，[美]唐纳德·A·诺曼著。

《用户体验与可用性测试》，[日]樽本彻也著。

《用户体验设计要素：以用户为中心的产品设计》，[美]杰西·詹姆斯·加勒特著。

《洞察用户体验：方法与实践》，[美]Elizabeth Goodman，Mike Kuniavsky，Andrea Moed 著。

《服务设计思维》，[德]雅各布·施耐德，[奥地利]马克·斯迪克多恩著。

《增长黑客：如何低成本实现爆发式成长》，[美]肖恩·埃利斯，[美]摩根·布朗著。

《奈飞文化手册》，[美]帕蒂·麦考德著。

《点石成金：访客至上的 Web 和移动可用性设计秘籍》，[美]史蒂夫·克鲁格著。

《上瘾：让用户养成使用习惯的四大产品逻辑》，[美]尼尔·埃亚尔，[美]瑞安·胡佛著。

《重新定义公司：谷歌是如何运营的》，[美]埃里克·施密特著。

《设计冲刺：谷歌风投如何 5 天完成产品迭代》，[美]杰克·纳普，约翰·泽拉茨基，布拉登·科维茨著。

《腾讯传（1998—2016）》，吴晓波著。

《硅谷钢铁侠：埃隆·马斯克的冒险人生》，[美]阿什利·万斯著。

《用户思维+好产品让用户为自己尖叫》，[美]凯西·赛拉著。

《人类简史——从动物到上帝》，[以色列]尤瓦尔·赫拉利著。

《深入核心的敏捷开发——ThoughtWorks五大关键实践》，肖然，张凯峰著。

《IDEO，设计改变一切》，[英]蒂姆·布朗著。

《精益设计：设计团队如何改善用户体验（第2版）》，[美]杰夫·戈塞尔夫，[美]乔什·赛登著。

《谷歌和亚马逊如何做产品》，[美]克里斯·范德·梅著。

《这就是OKR》，[美]约翰·杜尔著。

《用户思维+：好产品让用户为自己尖叫》，[美]凯西·赛拉著。

《创新者的窘境》，[美]克莱顿·克里斯坦森著。

《驱动力》，[美]丹尼尔·平克著。